非常感谢您购买 Excel Home 编著的图书！

Excel Home 是全球知名的 Excel 技术与应用网站，诞生于 1999 年，拥有超过 400 万注册会员，是微软在线技术社区联盟成员以及微软全球最有价值专家（MVP）项目合作社区，Excel 领域中国区的 Microsoft MVP 多数产生自本社区。

Excel Home 致力于研究、推广以 Excel 为代表的 Microsoft Office 软件应用技术，并通过图书、图文教程、视频教程、论坛、微信公众号、新浪微博、今日头条等多形式多渠道帮助您解决 Office 技术问题，同时也帮助您提升个人技术实力。

- 您可以访问 Excel Home 技术论坛，这里有各行各业的 Office 高手免费为您答疑解惑，也有海量的应用案例。

- 您可以在 Excel Home 门户网站免费观看或下载 Office 专家精心录制的总时长数千分钟的各类视频教程，并且视频教程随技术发展在持续更新。

- 您可以关注新浪微博"ExcelHome"，随时浏览精彩的 Excel 应用案例和动画教程等学习资料，数位小编和众多热心博友实时和您互动。

- 您可以关注 Excel Home 官方微信公众号"Excel 之家 ExcelHome"，我们每天都会推送实用的 Office 技巧，微信小编随时准备解答大家的学习疑问。成功关注后发送关键字"大礼包"，会有惊喜等着您！

- 您可以关注官方微信公众号"ExcelHome 云课堂"，众多大咖精心准备的在线课程，让您以最快速度学好 Excel、Word 和 PPT。

U0213016

积淀孕育创新

品质铸就卓越

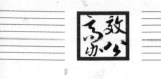

Excel 2016

高效办公 生产管理

Excel Home 编著

人民邮电出版社

北 京

图书在版编目（CIP）数据

Excel 2016高效办公. 生产管理 / Excel Home编著
. -- 北京 : 人民邮电出版社, 2019.7
ISBN 978-7-115-50566-8

Ⅰ. ①E… Ⅱ. ①E… Ⅲ. ①表处理软件－应用－企业
管理－生产管理 Ⅳ. ①TP391.13②F273-39

中国版本图书馆CIP数据核字(2019)第010210号

内 容 提 要

本书以 Excel 在企业生产管理中的具体应用为主线，按照生产管理人员的日常工作特点谋篇布局，通过介绍典型应用案例，在讲解具体工作方法的同时，介绍相关的 Excel 2016 常用功能。

本书共 8 章，分别介绍了环境管理、订单管理、生产计划、物料控制、人员管理、仓储管理、盘点管理以及出货管理等内容。在讲解这些案例的同时，将 Excel 各项常用功能（包括基本操作、函数、图表、数据分析和 VBA）的使用方法进行无缝融合，让读者在掌握具体工作方法的同时也相应地提高 Excel 的应用水平。

全书案例实用，步骤清晰，主要面向需要提高 Excel 应用水平的生产管理人员，此外，书中讲解的典型案例也非常适合职场人士和大中专院校的学生学习，有助于其快速提升电脑办公应用技能。

♦　编　　著　Excel Home
　　责任编辑　马雪伶
　　责任印制　马振武

♦　人民邮电出版社出版发行　　北京市丰台区成寿寺路 11 号
　　邮编　100164　电子邮件　315@ptpress.com.cn
　　网址　http://www.ptpress.com.cn
　　北京鑫正大印刷有限公司印刷

♦　开本：787×1092　1/16
　　印张：21.25
　　字数：561 千字　　　　　　　　2019 年 7 月第 1 版
　　印数：1－2 600 册　　　　　　　2019 年 7 月北京第 1 次印刷

定价：69.00 元

读者服务热线：(010)81055410　印装质量热线：(010)81055316
反盗版热线：(010)81055315
广告经营许可证：京东工商广登字 20170147 号

前　言

在 Excel Home 网站上，会员们经常讨论这样一个话题：**如果我精通 Excel，我能做什么？**

要回答这个问题，我们首先要明确为什么要学习 Excel。我们知道 Excel 是应用性很强的软件，多数人学习 Excel 的主要目的是更高效地工作，更及时地解决问题。也就是说，学习 Excel 的目的不是要精通它，而是要通过应用 Excel 来解决实际问题。

我们应该清楚地认识到，Excel 只是我们工作中能够利用的一个工具而已，从这一点来看，最好不要把自己的前途和 Excel 捆绑起来，行业知识和专业技能才是我们更需要优先关注的。但是，Excel 的强大功能是毋庸置疑的。所以，每当我们多掌握一些它的用法，专业水平也能随之提升，至少在做同样的工作时，我们将比别人更有竞争力。

在 Excel Home 上，我们经常可以看到高手们在某个领域不断开发出 Excel 的新用法，这些受人尊敬的、可以被称为 Excel 专家的高手无一不是各自行业中的出类拔萃者。从某种意义上说，Excel 专家也必定是某个或多个行业的专家，他们拥有丰富的行业知识和经验。**高超的 Excel 技术配合行业经验来共同应用，才有可能把 Excel 的功能发挥到极致**。同样的 Excel 功能，不同的人去运用，效果将是完全不同的。

基于上面的这些观点，也为了回应众多 Excel Home 会员与读者提出的结合自身行业来学习 Excel 2016 的要求，我们组织了来自 Excel Home 的多位资深 Excel 专家和编写"Excel 高效办公"丛书[1]的主力人员，充分吸取 2013 版本的经验，改进不足，精心编写了本书。

本书特色

■　由资深专家编写

本书的编写者都是相关行业的资深专家，他们同时也是 Excel Home 上万众瞩目的明星、备受尊敬的"大侠"。他们往往能一针见血地指出您工作中最常见的疑难点，然后帮您分析应该使用何种思路来寻求这些难点的答案，最后贡献出自己从业多年来所获得的宝贵专业知识与经验，并且通过来源于实际工作中的真实案例向大家展示利用 Excel 2016 进行高效办公的绝招。

■　与职业技能对接

本书以 Excel 在生产管理工作中的具体应用为主线，完全按照职业工作内容进行谋篇布局。

---

[1] "Excel 高效办公"丛书由人民邮电出版社于 2008 年 7 月出版，主要针对 Excel 2003 用户。

通过典型应用案例，细致地讲解工作内容和工作思路，并将 Excel 各项常用功能（包括基本操作、函数、图表、数据分析和 VBA）的使用方法进行无缝融合。

本书力图让读者在掌握具体工作方法的同时也相应地提高 Excel 2016 的技术水平，并能够举一反三，将示例的用法进行"消化"和"吸收"后用于解决自己工作中的问题。

读者对象

本书主要面向生产管理人员，特别是职场新人和急需提升自身职业技能的进阶者。同时，本书也适合希望提高 Excel 现有实际操作能力的职场人士和大中专院校的学生阅读。

声明

本书案例所使用的数据均为虚拟数据，如有雷同，纯属巧合。

致谢

本书由 Excel Home 策划并组织编写，技术作者为潘湘阳和张建军，执笔作者为丁昌萍，审校为吴晓平。

Excel Home 论坛管理团队和 Excel Home 免费在线培训中心教管团队长期以来都是 Excel Home 图书的坚实后盾，他们是 Excel Home 最可爱的人，其中最为广大会员所熟知的代表人物有朱尔轩、刘晓月、杨彬、朱明、郗金甲、方骥、赵刚、黄成武、赵文妍、孙继红、王建民等，在此向这些最可爱的人表示由衷的感谢。

衷心感谢 Excel Home 的百万会员，是他们多年来不断地支持与分享，才营造出热火朝天的学习氛围，并成就了今天的 Excel Home 系列图书。

在本书的编写过程中，尽管作者团队始终竭尽全力，但仍无法避免存在不足之处。如果您在阅读过程中有任何意见或建议，请反馈给我们，我们将根据您的宝贵意见或建议进行改进，继续努力，争取做得更好。

如果您在学习过程中遇到困难或疑惑，可以通过以下任意一种方式和我们互动。

（1）访问 Excel Home 论坛，通过论坛与我们交流。

（2）访问 Excel Home 论坛，参加 Excel Home 免费培训。

（3）如果您是微博控和微信控，可以关注我们的新浪微博、腾讯微博或者微信公众号。微博和微信会长期更新很多优秀的学习资源，发布实用的 Office 技巧，并与大家进行交流。

您也可以发送电子邮件到 book@excelhome.net，我们将尽力为您服务。如果您有任何建议或者意见，也可以发邮件到 maxueling@ptpress.com.cn 与本书责任编辑联系。

目　录

第 **1** 章　环境管理

　　5S 活动不仅能够改善生产环境，还能提高生产效率、产品品质和提升员工士气，是其他管理活动（例如精益生产）有效展开的基石之一。当然，有的企业已经在推行 7S（在 5S 的基础上增加了 Saving 节约、Safety 安全，还有一种说法认为是 Serves 服务而不是 Saving 节约）。其实，无论是 5S 还是 7S，道理都是一样的。

　　本章首先介绍了企业 5S 点检表的制作，详细地制订了 5S 的检查项、记录表格以及规则，同时介绍了有关温湿度方面的环境管理。涉及的主要知识点有单元格自定义的使用、动态图表的制作等内容。

1.1　5S 检查表

案例背景

某单位为了规范现场、现物，营造一目了然的工作环境，培养员工良好的工作习惯，实施了 5S 管理。应用 Excel 制作 5S 点检表（check list），以便实现以下功能。

① 制订 5S 的检查项、记录表格以及规则。

② 利用该表对现场进行评价。

关键技术点

要实现本例中的功能，读者应当掌握以下 Excel 技术点。

- 新建及保存工作簿
- 单元格的引用
- 斜线表头的制作
- 自定义单元格格式
- 函数应用：SUM 函数、COUNTA 函数
- 运算符：/（除）运算符的应用

最终效果展示

检查项 区域	是否有物品没有标示	标示是否清楚正确	各种工具、材料是否按要求放置	责任区域内是否有损坏物品存在	责任区域内是否干净整洁	人员着装是否符合规定	总分	平均分
Machine 1	5	5	4	4	4	5	27	4.5
Machine 2								
Machine 3								
Machine 4								
Machine 5								
Machine 6								
Machine 7								
Machine 8								
Machine 9								
Machine 10								
Machine 11								
Machine 12								
Machine 13								
Machine 14								
Machine 15								

5S检查表　　　　日期：

示例文件

\示例文件\第 1 章\5S 检查表.xlsx

1.1.1　创建检查列表

为了进行环境管理，达到规范现场工作环境的目的，首先要确定检查点。下面将建立工作表检查点，确定需要用到的全部检查点。

Step 1 创建工作簿

① 单击桌面的"开始"菜单，拖动滚动条至"Excel 2016"，然后单击，启动 Excel 2016。

② 默认打开一个开始屏幕，其左侧显示最近使用的文档，右侧显示"空白工作簿"和一些常用的模板，单击"空白工作簿"。

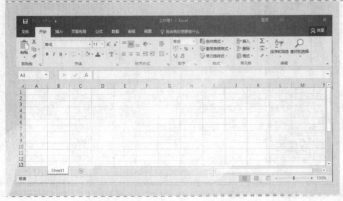

此时，Excel 会自动创建一个新的工作簿"工作簿 1"。

活力 小贴士

技巧 直接新建空白工作簿

如果无须使用这些模板，希望启动 Excel 2016 时直接新建空白工作簿，可通过下面的设置来跳过开始屏幕。

单击 Excel 2016 的"文件"→"选项"，弹出"Excel 选项"对话框，单击"常规"选项卡，在"启动选项"区域下，取消勾选"此应用程序启动时显示开始屏幕"复选框，单击"确定"按钮。

这样，以后启动 Excel 2016 时即可直接新建一个空白工作簿。

Step 2 保存并命名工作簿

① 在功能区中单击"文件"选项卡，在下拉菜单中选择"另存为"命令，然后单击右侧的"浏览"按钮。

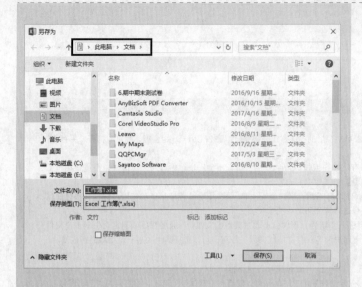

② 弹出"另存为"对话框,"此电脑"下的"文档"文件夹为系统默认的保存文件的位置。

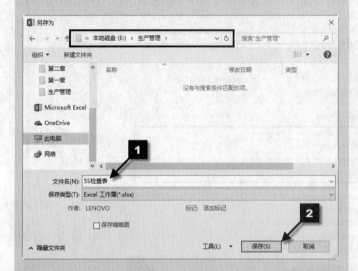

③ 在"另存为"对话框的左侧列表框中选择具体的文件存放路径,如"本地磁盘(E:)"。单击"新建文件夹"按钮,将新建的"新建文件夹"重命名为"生产管理",双击"生产管理"文件夹。

假定本书中所有的相关文件均存放在这个文件夹。

④ 在"文件名"文本框中输入工作簿的名称"5S 检查表",其余选项保留默认设置,最后单击"保存"按钮。

此时在 Excel 的标题栏会出现保存后的文件名。

 自动保存功能

新建文档后，第一次单击"快速访问工具栏"上的"保存"按钮 🖫 或者按<Ctrl+S>组合键，都可以打开"另存为"对话框。

已经保存过的工作簿，再次执行"保存"按钮或按<Ctrl+S>组合键，不会出现"另存为"对话框，而是直接将工作簿保存在原来位置，并以修改后的内容覆盖旧文件中的内容。

由于意外断电、系统不稳定、Excel 程序本身问题、用户误操作等原因，Excel 程序可能会在用户保存文档之前就意外关闭，使用"自动保存"功能可以减少这些意外所造成的损失。

在 Excel 2016 中，自动保存功能得到进一步增强，不仅会自动生成备份文件，而且会根据间隔定时生成多个文件版本。当 Excel 程序因意外崩溃而退出或者用户没有保存文档就关闭工作簿，可以选择其中的某一个版本进行恢复。

具体的设置方法如下。

① 依次单击"文件"选项卡→"选项"，弹出"Excel 选项"对话框，单击"保存"选项卡。

② 勾选"保存工作簿"区域中的"保存自动恢复信息时间间隔"复选框（默认被勾选），即所谓的"自动保存"。在微调框中设置自动保存的时间间隔，默认为 10 分钟，用户可以设置 1~120 分钟之间的整数。勾选"如果我没保存就关闭，请保留上次自动恢复的版本"复选框。在下方"自动恢复文件位置"文本框中输入需要保存的位置，Windows10系统中的默认路径为"C:\Users\用户名\AppData\Roaming\Microsoft\Excel\"。

③ 单击"确定"按钮即可应用保存设置并退出"Excel 选项"对话框。

Step 3 重命名工作表

双击"Sheet1"的工作表标签进入标签重命名状态，输入"检查列表"，然后按<Enter>键确认。

也可以用鼠标右键单击工作表标签，在弹出的快捷菜单中选择"重命名"，进入重命名状态。

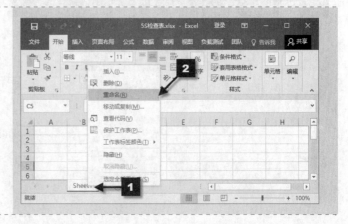

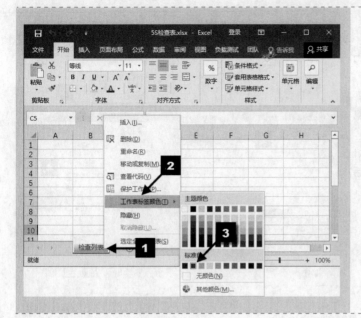

Step 4 设置工作表标签颜色

为工作表标签设置醒目的颜色（如红色），可以帮助用户快速查找和定位所需的工作表，操作步骤如下。

右键单击"检查列表"工作表标签，在弹出的快捷菜单中选择"工作表标签颜色"→"标准色"区域中的"红色"。

"另存为"操作的快捷键

在 Excel 以及 Office 其他组件中，要保存文件，除了"保存"操作外，还有"另存为"操作。"保存"的快捷方式是按<Ctrl+S>组合键，"另存为"的快捷方式是按<F12>键。

"保存"和"另存为"功能的区别是：对于新建文档，在进行"保存"或"另存为"操作时，都会弹出相同的"另存为"对话框，单击该对话框里的"保存"按钮，执行的都是保存文件的功能；但对已保存过的文件，按<Ctrl+S>组合键仅是对该文件进行保存，而按<F12>键则可调出"另存为"对话框，单击"保存"按钮可对该文件进行一个副本保存。

例如，在 Step 2 中，文件保存在"本地磁盘(F:)"，若按<F12>键，在弹出的"另存为"对话框中单击"桌面"按钮，再单击"确定"按钮，当前文件就被保存在"桌面"。

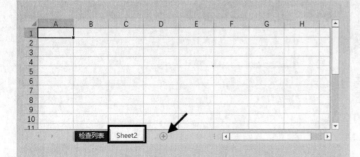

Step 5 插入工作表

单击工作表标签右侧的"新工作表"按钮 ⊕，在标签列的最后插入一个新工作表"Sheet2"。

重复以上操作，可以再添加多个新工作表。

Step 6 命名并移动工作表

① 将新添加的两个工作表依次命名为"评分规则"和"检查点(all)"。

② 在"评分规则"工作表上右键单击，在弹出的快捷菜单中选择"移动或复制"命令。

③ 在弹出的"移动或复制工作表"对话框中选中"检查列表"工作表，然后单击"确定"按钮，就将"评分规则"放在了"检查列表"前面。

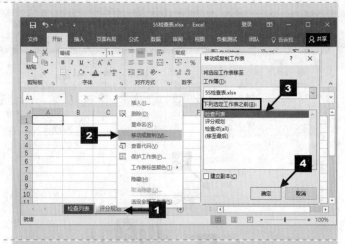

Step 7 输入表格标题

① 切换到"检查列表"工作表，选中A1单元格，输入表格标题"5S检查表"。

② 选中H1单元格，输入"日期:"。

Step 8 设置合并后居中

选中A1:G1单元格区域，在"开始"选项卡的"对齐方式"命令组中单击"合并后居中"按钮。

Step 9 设置标题格式

① 选中A1:G1单元格区域，在编辑栏中拖曳鼠标选中"5S"，在"开始"选项卡的"字体"命令组中，单击"字号"右侧的下箭头按钮，在弹出的列表中选择"20"。

② 使用同样的方法设置"检查表"的字号为"16"，设置字体为"Arial Unicode MS"。

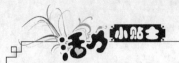

 单元格格式与文本的格式

当用户选中某个单元格并设置格式时，设置的是该单元格的整体格式；当用户在编辑栏中选择了单元格中的内容后再设置格式，设置的就是该部分内容的文本格式。

如在上面的 Step 9 中，当为文本 "5S" 设置格式时，是先选中该文本，再为其设置格式，所以设置的格式只对该文本起作用，而不会对同一单元格中的文本 "检查表" 起作用。

Step 10 设置左斜线

① 选中 A2 单元格，输入斜线表头的内容，先输入适当数量的空格，然后输入 "检查项区域"。接着在编辑栏中，将光标放置在 "检查项" 和 "区域" 之间，按<Alt+Enter>组合键强制换行，按<Ctrl+Enter>组合键确定，使得活动单元格仍然为 A2 单元格。

② 调整 A 列的列宽为 "12.00"。

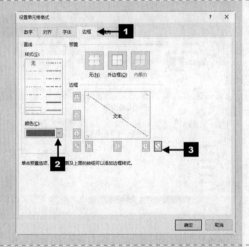

③ 按<Ctrl+1>组合键，弹出 "设置单元格格式" 对话框，切换到 "边框" 选项卡，单击 "颜色" 下方右侧的下箭头按钮，在弹出的颜色面板中选择 "蓝色,个性色 1"，再单击 "左斜线" 按钮。单击 "确定" 按钮。

Step 11 冻结窗格

选中 J3 单元格，单击 "视图" 选项卡，在 "窗口" 命令组中单击 "冻结窗格" 按钮，并在打开的下拉菜单中选择 "冻结拆分窗格" 命令。

Step 12 输入递增数据

选中 A3 单元格，输入 "Machine 1"，单击 A3 单元格右下角的填充柄，并向下拖曳至目标单元格，松开鼠标即可填充序列数据，即 Machine 1~Machine 15。

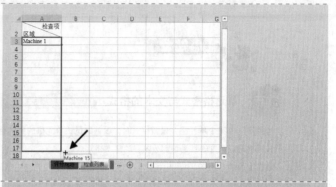

Step 13 设置自动换行

① 在 B2:I2 单元格区域中输入表格各字段的标题。

② 选中 B2:I2 单元格区域，依次单击 "开始" 选项卡→ "对齐方式" 命令组中的 "自动换行" 按钮和 "居中" 按钮。

Step 14 计算 "总分"

选中 H3 单元格，单击 "公式" 选项卡，在 "函数库" 命令组中单击 "插入函数" 按钮。

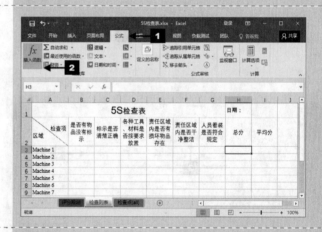

弹出 "插入函数" 对话框，在 "选择函数" 列表框中选择 "SUM" 函数，单击 "确定" 按钮。

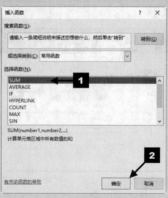

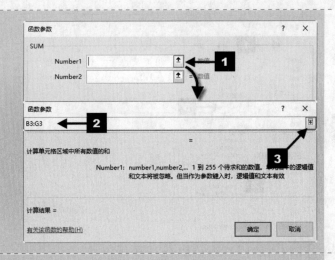

弹出"函数参数"对话框,单击 Number1 右侧的按钮⬆️,拖曳鼠标选中 B3:G3 单元格区域,单击对话框右上角的"关闭"按钮🅇或右侧的按钮🔽,返回"函数参数"对话框。

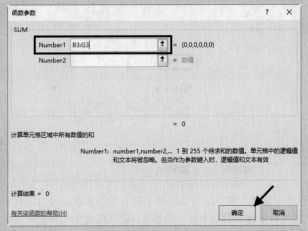

单击"确定"按钮。

此时在 H3 单元格中输入了如下公式。

=SUM(B3:G3)

插入 SUM 函数的快捷方式

① 在需要求和的数据区下方或右侧,按下<Alt>键不放,再按<+>键,然后按<Enter>键。
② 在需要求和的数据区下方或右侧,单击"开始"选项卡的"编辑"命令组中的"求和"按钮∑。

Step 15 自定义单元格格式

① 选中 H3 单元格，按<Ctrl+1>组合键，弹出"设置单元格格式"对话框，单击"数字"选项卡。

② 在"分类"下拉列表框中选择"自定义"，在右侧的"类型"文本框中输入"0;0;"，单击"确定"按钮。

Step 16 计算"平均分"

选中 I3 单元格，输入以下公式，按<Enter>键确认。

`=H3/COUNTA(B3:G3)`

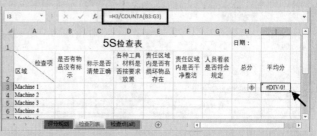

在 I3 单元格中出现错误提示：#DIV/0。这表示该单元格中的公式出现了被 0 除的错误，因为公式中的除数是 COUNTA()，此时的数据为 0。所以在具体输入数据之后，除数 COUNTA()不为 0，公式才能得到正确的结果。

当不输入数据时，错误提示"#DIV/0"有可能使用户误解。下面通过设置自定义格式，使得在不输入数据时隐藏该错误提示，而在输入数据时自动显示计算出的"平均分"数值。

Step 17 设置单元格格式

① 选中 I3 单元格，按<Ctrl+1>组合键，弹出"设置单元格格式"对话框。单击"字体"选项卡，单击颜色右侧的下箭头按钮，在弹出的颜色面板中选择"白色,背景 1"。

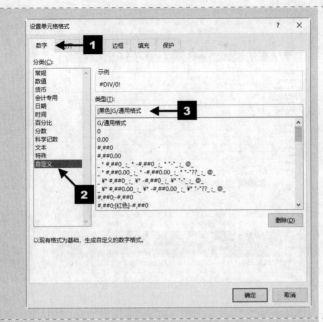

② 切换到"数字"选项卡，在"分类"列表框中选择"自定义"，在"类型"文本框中默认的"G/通用格式"前方添加"[黑色]"，即输入代码为"[黑色]G/通用格式"。单击"确定"按钮。

此时 I 列的错误提示因为显示的是"白色"而被"隐藏"，而当 B:H 列输入数据时，I 列的数据则会自动显示。

Step 18 复制公式

选中 H3:I3 单元格区域，将鼠标指针放在 I3 单元格的右下角，待鼠标指针变为 ➕ 形状后双击，即在 H3:I17 单元格区域中快速复制公式。

Step 19 取消网格线的显示

切换到"视图"选项卡，取消勾选"显示"组中的"网格线"复选框，即可取消网格线的显示。

Step 20 美化工作表

① 设置加粗、居中和填充颜色。

② 设置框线。

至此完成了 5S 检查表的创建，效果如图所示。

在工作表中对各个区域的各个检查点进行评分之后，就可以自动计算出各区域的总分和平均分。

关键知识点讲解

1. 函数应用：SUM 函数

函数用途

返回单元格区域中所有数字之和。

函数语法

SUM(number1,[number2],...)

参数说明

number1,number2,...　要对其求和的 1~255 个参数。

函数说明

● 直接键入参数表中的数字、逻辑值及数字的文本表达式将被计算。

● 如果参数是一个数组或引用，则只计算其中的数字。数组或引用中的空白单元格、逻辑值或文本将被忽略。

● 如果参数为错误值或为不能转换为数字的文本，将会导致错误。

函数简单示例

示例	公式	说明	结果
1	=SUM(3,2)	将 3 和 2 相加	5
2	=SUM("5",15,TRUE)	将 5、15 和 1 相加（文本值 "5" 被转换为数字，逻辑值 TRUE 被转换成数字 1）	21
3	=SUM(A2:A4)	将 A2:A4 单元格区域中的数相加	54
4	=SUM(A2:A4,15)	将 A2:A4 单元格区域中的数之和与 15 相加	69
5	=SUM(A5,A6,2)	将 A5、A6 的值与 2 求和。因为引用中的非数字值没有转换为数字，所以 A5、A6 的值被忽略	2

■ **本例公式说明**

以下为本例中的公式。

```
=SUM(B3:G3)
```

将 B3:G3 单元格区域中所有数值相加。

2. 函数应用：COUNTA 函数

■ **函数用途**

计算区域中非空的单元格的个数。

■ **函数语法**

COUNTA(value1,value2,...)

■ **参数说明**

● value1　必需。表示要计数的值的第一个参数。

● value2,...　可选。表示要计数的值的其他参数，最多可包含 255 个参数。

■ **函数说明**

● 计算包含任何类型的信息［包括错误值和空文本（""）］的单元格。例如，如果区域中包含的公式返回空字符串，COUNTA 函数计算该值。但是 COUNTA 函数不会对空单元格进行计数。

● 如果不需要对逻辑值、文本或错误值进行计数，只希望对包含数字的单元格进行计数，请使用 COUNT 函数。

■ **函数简单示例**

	A
1	数据
2	产品
3	2012/5/8
4	
5	22
6	11.15
7	FALSE
8	#DIV/0!

示例	公式	说明	结果
1	=COUNTA(A2:A8)	计算 A2:A8 单元格区域中非空单元格的个数	6
2	=COUNTA(A2:A8,2)	计算 A2:A8 单元格区域中非空单元格个数，再加上参数 "2" 的计数值 1	7

■ **本例公式说明**

以下为本例中的公式。

```
=H3/COUNTA(B3:G3)
```

其各参数值指定 COUNTA 函数从 B3:G3 单元格区域计算非空单元格的个数，再用 H3 的值即总分除以非空单元格的个数，以计算平均分。

3. 数字格式的类型

Excel 的数字格式有下面 12 种类型。

① "常规"格式：这是键入数字时 Excel 应用的默认数字格式。大多数情况下，"常规"格式的数字以键入的方式显示。然而，如果单元格的宽度不够显示整个数字，"常规"格式会用小数点对数字进行四舍五入。"常规"数字格式还对较大的数字（12 位或更多位）使用科学计数（指数）表示法。

② "数值"格式：在"数值"格式中可以设置 1~30 位小数点后的位数，选择千位分隔符，以及设置 5 种负数的显示格式：红色字体加括号、黑色字体加括号、红色字体、黑色字体加负号、红色字体加负号。

③ "货币"格式：它的功能和"数值"格式非常相似，另外添加了设置货币符号的功能。

④ "会计"格式：在"会计"格式中可以设置小数位数和货币符号，但是没有显示负数的各种选项。

⑤ "日期"格式：以日期格式存储和显示数据，可以设置 24 种日期类型。在输入日期时必须以标准的类型（指 24 种类型中的任意一种）输入，才可以进行类型的互换。

⑥ "时间"格式：以时间格式存储和显示数据，可以设置 11 种日期类型。在输入时间时必须以标准的类型（指 11 种类型中的任意一种）输入，才可以进行类型的互换。

⑦ "百分比"格式：以百分比格式显示数据，可以设置 1~30 位小数点后的位数。

⑧ "分数"格式：以分数格式显示数据。

⑨ "科学记数"格式：以科学记数法显示数据。

⑩ "文本"格式：以文本方式存储和显示内容。

⑪ "特殊"格式：包含邮政编码、中文小写数字、中文大写数字 3 种类型；如果选择区域设置，还能选择更多类型。

⑫ "自定义"格式："自定义"格式可以根据需要手工设置上述所有类型；除此之外，还可以设置更为灵活多样的类型。

4. 数字格式的种类

Excel 提供有大量的各种各样的内部数字格式，但仍然有可能无法满足用户的需要。而使用自定义数字格式，用户就可以根据自己的需要定制数字格式。

用户可以指定一系列代码作为数字格式来创建自定义格式。代码结构分为 4 个部分，中间用";"号分隔，具体如下。

正数格式;负数格式;零格式;文本格式

下表列出了常见的自定义格式。

代码	注释与示例		
G/通用格式	不设置任何格式，按原始输入的数值显示		
#	数字占位符，只显示有效数字，不显示无意义的零值		
	显示为	原始数值	自定义格式代码
	1234.56	1234.56	#.##
	12.	12	#.##
	.	0	#.##

续表

代码	注释与示例
0	数字占位符，当数字比代码的数量少时，显示无意义的 0 	显示为	原始数值	自定义格式代码	 |---|---|---| | 5678.00	5678	0000.00	 | 0005.68	5.678	0000.00	 | 0056.00	56	0000.00	 | 0000.00	0	0000.00	 从上图可见，可以利用代码 0 让数值显示前导零，并让数值固定按指定位数显示。下图是使用#与 0 组合为最常用的带小数的数字格式 | 显示为	原始数值	自定义格式代码	 |---|---|---| | 123456.0	123456	#0.0	 | 123.5	123.456	#0.0	 |	0	#0.0	
?	数字占位符，需要的时候在小数点两侧增加空格；也可用于具有不同位数的分数 	显示为	原始数值	自定义格式代码	 	---	---	---	 	1234.1234	1234.1234	?????.????	 	- 123.123	-123.123	?????.????	 	12.123	12.123	?????.????	 	.	0	?????.????	
.	小数点
%	百分数 	显示为	原始数值	自定义格式代码	 	---	---	---	 	5600.00%	56	0.00%	 	560.00%	5.6	0.00%	 	56.70%	0.567	0.00%	
,	千位分隔符 	显示为	原始数值	自定义格式代码	 	---	---	---	 	123,456	123456	#,##0	 	123,456,789	123456789	#,##0	
E	科学计数符号
\	显示格式里的下一个字符
*	重复下一个字符来填充列宽 	显示为	原始数值	自定义格式代码	 	---	---	---	 	************ 1,234	1234	**#,##0;**-#,###0	 	************ -1,234	-1234	**#,##0;**-#,###0	 	**************** 0	0	**#,##0;**-#,###0	 	------------ 1,234	1234	*-#,##0	 	???????????? 1,234	1234	*?#,##0	 	XXXXXXXXXXXXXX 0	0	*X#,##0	
-	留出与下一个字符等宽的空格 	显示为	原始数值	自定义格式代码	 	---	---	---	 	(0.51)	-0.51	0.00_);(0.00)	 	1.25	1.25	0.00_);(0.00)	 	(0.78)	-0.78	0.00_);(0.00)	
"文本"	显示双引号里面的文本 	显示为	原始数值	自定义格式代码	 	---	---	---	 	MU 5463	5463	"MU" 0000	 	USD 1,235M	1234567890	"USD "#,##0,,"M"	 	人民币1,235百万	1234567890	"人民币"#,##0,,"百万"	
@	文本占位符，如果只使用单个@，其作用是引用原始文本 	显示为	原始数值	自定义格式代码	 	---	---	---	 	集团公司财务部	财务	;;;"集团公司"@"部"	 	集团公司采购部	采购	;;;"集团公司"@"部"	 如果使用多个@，则可重复文本 	显示为	原始数值	自定义格式代码	 	---	---	---	 	人民公仆为人民	人民	;;;@"公仆为"@	 	继续继续继续	继续	;;;@@@	
[颜色]	颜色代码 	显示为	原始数值	自定义格式代码	 	---	---	---	 	123,456	123456	#,##0;[红色]-#,##0	 	-123,456	-123456	#,##0;[红色]-#,##0	 	123	123	[蓝色]0	 [颜色]可以是[black]/[黑色]、[white]/[白色]、[red]/[红色]、[cyan]/[青色]、[blue]/[蓝色]、[yellow]/[黄色]、[magenta]/[紫红色]或[green]/[绿色] 需要注意的是：英文版用英文代码，中文版则必须用中文代码

续表

代码	注释与示例
[颜色 n]	显示 Excel 调色板上的颜色，n 是 1~56 的数值 显示为|原始数值|自定义格式代码 123, 456 | 123456 | [颜色1]#, ##0 123, 456 | 123456 | [颜色9]#, ##0 123, 456 | 123456 | [颜色23]#, ##0
[条件值]	设置格式的条件 显示为|原始数值|自定义格式代码 2875 8965 | 28758965 | [>99999999] (0###) #### ####;#### #### (021) 2345 9821 | 2123459821 | [>99999999] (0###) #### ####;#### #### (0755) 2345 9821 | 75523459821 | [>99999999] (0###) #### ####;#### #### 99 | 99 | [>100][红色]0; [蓝色]0 105 | 105 | [>100][红色]0; [蓝色]0 123. 70 | 123. 7 | [>100][绿色]#, ##0.00; [<100][红色]#, ##0.00; 87. 00 | 87 | [>100][绿色]#, ##0.00; [<100][红色]#, ##0.00;

扩展知识点讲解

1. 制作表头的其他方法

制作斜线表头

Step 1　绘制直线

① 选中 A1 单元格，在"插入"选项卡的"插图"命令组中单击"形状"按钮，并在打开的下拉菜单中单击"线条"下的"直线"按钮＼。

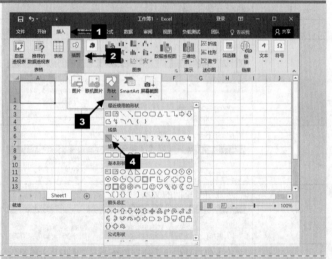

② 将鼠标指针移回 A1 单元格，此时鼠标指针变成"＋"形状，表示可以绘制直线。

③ 在 A1 单元格中单击鼠标，拖动鼠标，从 A1 左上角向 A1 右下角画一条斜线。

当单击选中直线时，在功能区中出现绘图工具的"格式"选项卡。

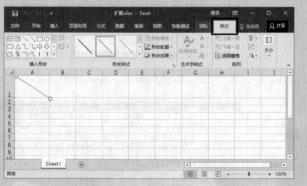

技巧 移动直线和伸缩直线

如果需要移动直线，将鼠标指针移近控制点，当指针变成 ⁺⬦⃗ 形状时拖动鼠标即可。
如果需要延长或者缩短直线，将鼠标指针移近直线的始端或末端，当指针变成 ↖ 形状时拖动鼠标即可。

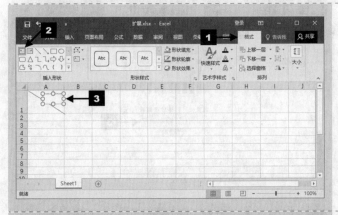

Step 2 插入文本框并输入文本

在"格式"选项卡的"插入形状"命令组中，单击"文本框"按钮 ，将鼠标指针移回 A1 单元格中右上方位置，此时鼠标指针变成 "↓"，单击并拖动鼠标确定文本框的大小，释放鼠标后文本框呈被选中状态。

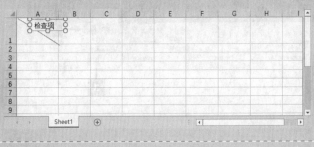

Step 3 在文本框中输入内容

将鼠标指针移动到文本框的内部任意位置，当文本框的边框呈阴影状时，即可输入文本框的内容"检查项"。

Step 4 复制文本框

单击文本框，按<Ctrl+C>组合键复制，再按<Ctrl+V>组合键粘贴。

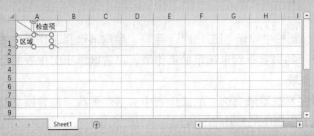

Step 5 移动文本框

如果需要移动文本框，将鼠标指针移近控制点，当鼠标指针变成 ⁺⬦⃗ 形状时拖动鼠标。

在文本框内拖动鼠标，选中刚刚复制的文字"检查项"，改为"区域"。

Step 6 调整文本框大小

如果需要调整文本框的大小，则可单击文本框使其处于激活状态下，然后将鼠标指针移近文本框周围的控制点。当鼠标指针变为⟷、↕或者⬉形状时，可以进行水平、垂直或者斜对角方向的调整。

Step 7 取消形状轮廓

按住<Ctrl>键，同时选中两个文本框，在"格式"选项卡的"形状样式"命令组中单击"形状轮廓"→"无轮廓"命令。

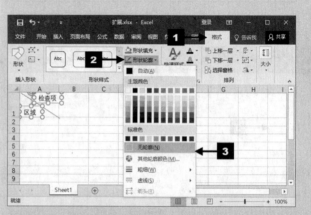

Step 8 置于底层

选中"直线"，在"格式"选项卡的"排列"命令组中单击"上移一层"→"置于顶层"命令。

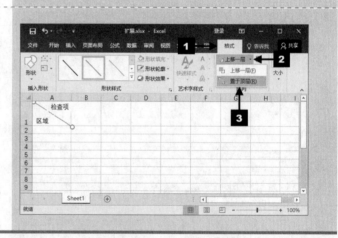

2. 选择多个工作表

通过单击 Excel 工作表标签，可以快速切换不同的工作表。如果要同时在几个工作表中输入或编辑数据，可以通过选择多个工作表来组合工作表。用户还可以同时对选中的多个工作表进行格式设置或打印。

在选定多个工作表时，在工作表顶部标题栏中显示"[工作组]"字样。要取消选择工作簿中的多个工作表，可单击任意未选定的工作表。如果看不到未选定的工作表，可右键单击工作表的标签，然后单击快捷菜单中的"取消组合工作表"。

在活动工作表中，输入或编辑的数据会反映到所有选中的工作表中。这些更改可能替换活动工作表中的数据，还可能替换其他选中的工作表中的数据。

选择	操作
一个工作表	单击该工作表的标签 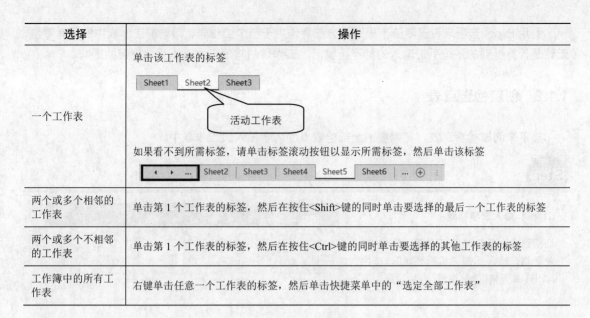 如果看不到所需标签，请单击标签滚动按钮以显示所需标签，然后单击该标签
两个或多个相邻的工作表	单击第 1 个工作表的标签，然后在按住<Shift>键的同时单击要选择的最后一个工作表的标签
两个或多个不相邻的工作表	单击第 1 个工作表的标签，然后在按住<Ctrl>键的同时单击要选择的其他工作表的标签
工作簿中的所有工作表	右键单击任意一个工作表的标签，然后单击快捷菜单中的"选定全部工作表"

在组合状态下的工作表，复制或剪切的数据不能粘贴到另一个工作表中，因为复制区域的大小包括所选工作表的所有层，因此不同于一个单独的工作表中的粘贴区域。在将数据复制或移动到另一个工作表之前，应确保只选择了一个工作表。

3. 设置零值不显示

单击"文件"选项卡→"选项"，在弹出的"Excel 选项"对话框中单击"高级"选项卡，在"此工作表的显示选项"区域取消勾选"在具有零值的单元格中显示零"复选框，即将零值显示为空白单元格，单击"确定"按钮。

利用 Excel 选项来设置零值不显示的方法将作用于整个工作表，即当前工作表中的所有零值，无论是计算得到的还是手工输入的都不再显示。工作簿的其他工作表不受此设置的影响。

1.1.2 创建检查点表

接下来创建检查点表，将需要的全部检查点的内容输入该工作表中。

Step 1 输入表格标题

切换到"检查点(all)"工作表，选中 A1 单元格，输入标题"机器区域"。选中 A1:B1 单元格区域，设置"合并后居中"。

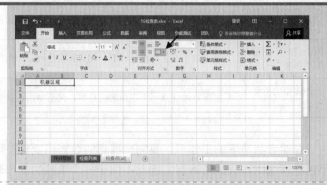

Step 2 输入序号

选中 A2 单元格，输入序号"1"，按住 <Ctrl>键的同时，拖动 A2 单元格右下角的填充柄向下填充，即可自动填充序列号。

Step 3 输入检查项

输入其他文本内容，并适当地调整列宽。

Step 4 美化工作表

① 设置字体、字号、加粗、居中和填充颜色。

② 设置框线。

③ 取消网格线的显示。

全部检查项输入完毕后的效果如图所示。

用同样的方法完成"评分规则"工作表的文本输入与美化。

至此,"5S 检查表"创建完成。用户可以查看"评分规则"工作表,以了解评分规则和检查要点,然后根据"检查点"工作表中的检查点,在"5S 检查表"中对检查情况进行评分,而且"5S 检查表"可以自动地对评分进行汇总和计算平均值。

使用"5S 检查表"可以对企业环境情况做一个全面的反映,是生产管理中的重要部分。

关键知识点讲解

1. 相对引用、绝对引用和混合引用

在 Excel 中编辑公式时,往往涉及对单元格的引用。Excel 提供了多种引用的方法。

(1)单元格的绝对引用。

不论包含公式的单元格处在什么位置,公式中所引用的单元格位置都是其工作表的确切位置。若用街道地址来做比喻的话,绝对引用就像一个特定的地址,如"人民路 32 号"。

单元格的绝对引用通过在行号和列标前加一个美元符号"$"来表示,如$A$1、$B$2,依此类推。

(2)单元格的相对引用。

相对引用是像 A1 单元格这样的单元格引用,该引用指引 Excel 如何从公式单元格出发找到引用的单元格。可用"指路"来做形象的比喻,即告之从出发地如何走到目的地,如"往前走 3 个路口"。

(3)单元格的混合引用。

混合引用是指包含一个绝对引用坐标和一个相对引用坐标的单元格的引用。

● 或者绝对引用行相对引用列,如 B$5。

● 或者绝对引用列相对引用行,如$B5。

以上这些引用方式一般称为"A1 引用样式",这是最常用的引用样式,在以后的案例中基本都采用这种方式来进行单元格的引用。

(4)单元格的 R1C1 引用样式。

同"A1 引用样式"一样,R1C1 引用样式也可以分为单元格的相对引用和单元格的绝对引用。

R1C1 格式是绝对引用,如 R3C5 是指该单元格位于工作表的第 3 行第 5 列。

R[1]C[1]格式是相对引用,其中"[]"中的数值标明引用的单元格的相对位置。

如果引用的是左面列或上面行中的单元格,则还应当在数值前添加"-"。如引用下面一行右面两列的单元格时表示为"R[1]C[2]",引用上面一行左面两列的单元格时表示为"R[-1]C[-2]",而引用上面一行右面两列的单元格时则表示为"R[-1]C[2]"。

下面以"R1C1 引用样式"的使用示例进行说明。

引用	含义
R[-2]C	对在同一列、上方两行的单元格的相对引用
R[2]C[2]	对在下方两行、右侧两列的单元格的相对引用
R2C2	对在工作表的第二行、第二列的单元格的绝对引用
R[-1]	对活动单元格整个上面一行单元格区域的相对引用
R	对当前行的相对引用

2. /（除）运算符

□ 运算符用途

对除数和被除数进行除法运算。

□ 运算符说明

Excel 中没有提供专门的除函数，通常利用"/"运算符进行除运算。

扩展知识点讲解

1. 运算符

运算符用于对公式中的元素进行特定类型的运算。

（1）运算符的类型。

Excel 包含 4 种类型的运算符：算术运算符、比较运算符、文本连接运算符和引用运算符。

① 算术运算符。

若要完成基本的数学运算，如加法、减法、乘法、连接数字和产生数字结果等，可使用以下算术运算符。

算术运算符	含义	示例
+（加号）	加法运算	=3+3
–（减号）	减法运算	=3–1
–（负号）	负	=–1
*（星号）	乘法运算	=3*3
/（正斜线）	除法运算	=3/3
%（百分号）	百分比	=20%
^（插入符号）	乘幂运算	=3^2

② 比较运算符。

可以使用下列运算符比较两个值。当用运算符比较两个值时，结果是一个逻辑值，不是 TRUE 就是 FALSE。

比较运算符	含义	示例
=（等号）	等于	=A1=B1
>（大于号）	大于	=A1>B1
<（小于号）	小于	=A1<B1
>=（大于等于号）	大于或等于	=A1>=B1
<=（小于等于号）	小于或等于	=A1<=B1
<>（不等号）	不相等	=A1<>B1

③ 文本连接运算符。

使用连接符（&）加入或连接一个或更多文本字符串，以产生一串文本。

文本运算符	含义	示例
&（连接符）	将两个文本值连接或串起来，产生一个连续的文本值	"North"&"wind"

④ 引用运算符。

使用以下运算符可以将单元格区域合并计算。

引用运算符	含义	示例
:（冒号）	区域运算符，产生对包括在两个引用之间的所有单元格的引用	B5:B15
,（逗号）	联合运算符，将多个引用合并为一个引用	=SUM(B5:B15,D5:D15)
（空格）	交叉运算符，产生对两个引用重叠部分的单元格的引用	=SUM(B7:D7 C6:C8)

公式按特定次序计算数值。Excel 中的公式以等号（=）开始，用于表明之后的字符为公式。紧随等号之后的是需要进行计算的函数公式或是单元格引用等元素，各元素之间以运算符分隔。Excel 将根据公式中运算符的特定顺序从左到右计算公式。

（2）运算符的优先级。

如果公式中同时用到多个运算符，Excel 将按下表所示的顺序进行运算。如果公式中包含相同优先级的运算符（例如公式中同时包含乘法和除法运算符），则 Excel 将从左到右进行计算。

运算符	说明
–	负号（例如–1）
%	百分比
^	乘幂
*和/	乘和除
+和–	加和减
&	连接两个文本字符串（连接）
=、<、>、<=、>=、<>	比较运算符

（3）使用括号。

若要更改求值的顺序，请将公式中要先计算的部分用括号括起来。例如下面的公式。

`=5+2*3`

结果是 11。因为 Excel 先进行乘法运算，后进行加法运算，将 2 与 3 相乘，再加上 5，即得到结果。

与此相反，如果使用括号改变语法，Excel 先用 5 加上 2，再用结果乘 3，如下列公式。

`=(5+2)*3`

得到结果 21。

又如如下公式。

`=(B4+25)/SUM(D5:F5)`

公式第 1 部分中的括号表明 Excel 应首先计算 B4+25，然后再除以 D5、E5 和 F5 单元格数值的和。

2. 函数应用：AVERAGE 函数

■ 函数用途
返回参数的平均值（算术平均值）。

■ 函数语法
AVERAGE(number1,[number2],...)

■ 参数说明
number1　必需。要计算平均值的第一个数字、单元格引用或单元格区域。

number2,...　可选。要计算平均值的其他数字、单元格引用或单元格区域，最多可包含 255 个。

■ 函数说明
● 参数可以是数字或者是包含数字的名称、单元格区域或单元格引用。

● 如果区域或单元格引用参数包含文本、逻辑值或空单元格，则这些值将被忽略；但包含零值的单元格将被计算在内。

注释

AVERAGE 函数用于计算集中趋势，集中趋势是统计分布中一组数的中心位置。最常用的集中趋势度量方式有以下 3 种。

● 平均值：平均值是算术平均值，由一组数相加然后除以数字的个数计算而得。例如，2、3、3、5、7 和 10 的平均值为 30 除以 6，即 5。

● 中值：中值是一组数中间位置的数，即一半数的值比中值大，另一半数的值比中值小。例如，2、3、3、5、7 和 10 的中值是 4。

● 众数：众数是一组数中出现最多的数。例如，2、3、3、5、7 和 10 的众数是 3。

对于对称分布的一组数来说，这 3 种集中趋势的度量是相同的。对于偏态分布的一组数来说，这 3 种集中趋势的度量可能不同。

提示

当对单元格中的数值求平均值时，应牢记空单元格与含零值单元格的区别，尤其是在清除了 Excel 应用程序的 "Excel 选项" 对话框中的 "在具有零值的单元格中显示零" 复选框时。勾选此选项后，空单元格将不计算在内，但零值会计算在内。

■ 函数简单示例

	A
1	数据
2	101
3	911
4	120
5	119
6	32

示例	公式	说明	结果
1	=AVERAGE(A2:A6)	A2:A6 单元格区域数字的平均值	256.6
2	=AVERAGE(A2:A6,7)	A2:A6 单元格区域数字与 7 的平均值	215

3. 函数应用：MOD 函数

■ 函数用途
返回两数相除的余数。结果的正负号与除数相同。

■ 函数语法
MOD(number,divisor)

■ **参数说明**

number　为被除数。

divisor　为除数。

■ **函数说明**

● 如果 divisor 为零，MOD 函数返回错误值#DIV/0!。

■ **函数简单示例**

示例	公式	说明	结果
1	=MOD(3,2)	3/2 的余数	1
2	=MOD(−3,2)	−3/2 的余数。符号与除数相同	1
3	=MOD(3,−2)	3/−2 的余数。符号与除数相同	−1
4	=MOD(−3,−2)	−3/−2 的余数。符号与除数相同	−1

4. QUOTIENT 函数

■ **函数用途**

返回除法的整数部分。要舍掉除法的余数时，可使用此函数。

■ **函数语法**

QUOTIENT(numerator,denominator)

■ **参数说明**

numerator　必需。为被除数。

denominator　必需。为除数。

■ **函数说明**

● 如果任一参数是非数值的，则 QUETIENT 函数返回错误值#VALUE!。

■ **函数示例**

示例	公式	说明	结果
1	=QUOTIENT(5,2)	5/2 的整数部分	2
2	=QUOTIENT(4.5,3.1)	4.5/3.1 的整数部分	1
3	=QUOTIENT(−10,3)	−10/3 的整数部分	−3

1.2　温湿度记录分析表

案例背景

某企业的生产受车间的温湿度影响。为了便于将车间的温湿度情况记录在册，需要创建温湿度记录分析表，该表可以实现以下功能。

① 记录车间温湿度情况，用于产品质量问题追踪过程中，供环境分析之用；

② 可以通过该表了解此车间温湿度的具体状况和水平。

关键技术点

要实现本例中的功能，以下为读者应当掌握的 Excel 技术点。

● 自定义单元格格式

● 函数应用：IF 函数、ROW 函数、WEEKDAY 函数、AVERAGE 函数、ROUND 函数

● 绘制散点图

最终效果展示

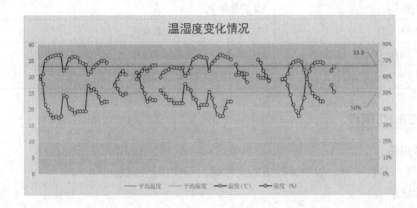

示例文件

\示例文件\第 1 章\温湿度记录分析表.xlsx

1.2.1 创建记录表

为了对温度和湿度进行分析，首先需要将温度、湿度及对应的测量时间记录下来，所以首先创建记录表。

Step 1 新建工作簿

新建一个工作簿，保存并命名为"温湿度记录分析表"，双击"Sheet1"工作表标签，将其重命名为"记录表"。

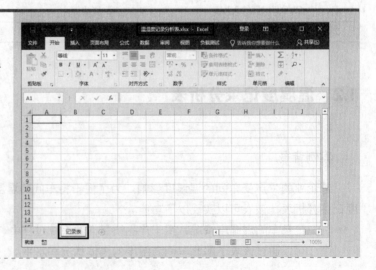

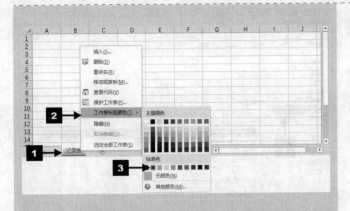

Step 2 设置工作表标签颜色

右键单击"记录表"工作表标签，在弹出的快捷菜单中依次选择"工作表标签颜色"→"红色"。

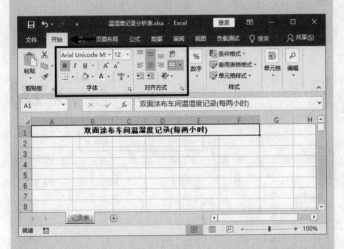

Step 3 输入表格标题

① 选中 A1 单元格，输入表格标题"双面涂布车间温湿度记录(每两小时)"。

② 选中 A1:F1 单元格区域，设置"合并后居中"，设置"加粗"。在"开始"选项卡的"字体"命令组中设置字号为"12"。

③ 按 <Ctrl+A> 组合键选中整个工作表，设置字体为"Arial Unicode MS"，设置"居中"。

Step 4 输入字段标题

在 A3:F3 单元格区域中分别输入表格各字段的标题。

Step 5 输入日期数据

① 在 A4 单元格中输入日期"2017/6/26"。

② 选中 A4 单元格，拖曳右下角的填充柄至 A12 单元格。

③ 单击 A12 单元格右下角的"自动填充选项"按钮右侧的下箭头，在弹出的选项框中单击"复制单元格"单选钮。

Step 6 设置日期格式

选中 A4:A12 单元格区域，按<Ctrl+1>组合键，弹出"设置单元格格式"对话框，单击"数字"选项卡，在分类列表框中选择"日期"，在"类型"列表框中选择"2012-03-14"，最后单击"确定"按钮完成设置。

Step 7 输入公式

选中 A13 单元格，输入以下公式，按<Enter>键确认。

`=IF(WEEKDAY(A4+1,2)=6,A4+3,A4+1)`

Step 8 复制公式

选中 A13 单元格，拖曳右下角的填充柄至 A129 单元格。

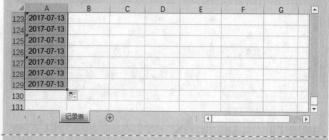

Step 9 输入基础时间数据

① 选中 B4 单元格，输入"6:00:00"。

② 选中 B5 单元格，输入"8:00:00"。

③ 选中 B4:B5 单元格区域，拖曳右下角的填充柄至 B12 单元格。

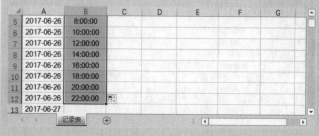

Step 10 复制单元格

选中 B4:B12 单元格区域，将鼠标指针移到B12 单元格右下角，待鼠标指针变为 **+** 形状后双击，然后单击单元格右下角"自动填充选项"按钮右侧的下箭头，在弹出的选项框中单击"复制单元格"单选钮。

Step 11 输入温度数据

① 在 C4:C129 单元格区域中输入温度数据。

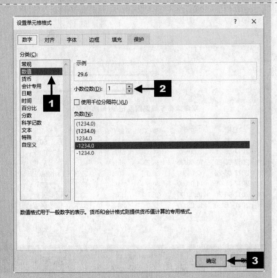

② 选中 C4:C129 单元格区域，按组合键<Ctrl+1>，弹出"设置单元格格式"对话框。

③ 默认打开"数字"选项卡，在"分类"列表框中选择"数值"，设置"小数位数"为"1"，最后单击"确定"按钮。

Step 12 输入湿度数据

① 在 D4:D129 单元格区域中依次输入湿度数据。

② 选中 D4:D129 单元格区域，设置数字格式为"自定义"，类型为"[红色][<=0.1]"--";[蓝色]0%"。单击"确定"按钮。

格式代码的作用是：如果单元格中的数值小于等于 0.1，即 10%时，显示为红色的"--"，否则显示为蓝色字体的百分数。

Step 13 输入平均温度公式

① 选中 E4 单元格，输入以下公式，按 <Enter>键确认。

=ROUND(AVERAGE(C$2:C$129),1)

② 双击 E4 单元格右下角的填充柄，向下复制填充公式。

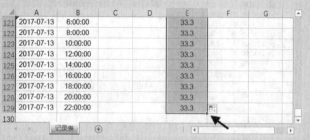

Step 14 输入平均湿度公式

① 选中 E4 单元格，然后向右拖曳，复制公式至 F4。

② 向下填充公式至数据表最后一行。

③ 设置 F 列的单元格数字格式为"百分比"。

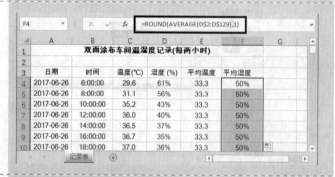

Step 15 插入表格

利用"表格"自动扩展的特性，为了数据列表中的数据新增后创建的图表能自动更新，现将数据列表创建为"表格"。

① 选中数据列表中的任意单元格，如 B5 单元格，然后单击"插入"选项卡中"表格"命令组中的"表格"按钮。

② 弹出"创建表"对话框，保持默认设置，单击"确定"按钮，完成表格的创建。

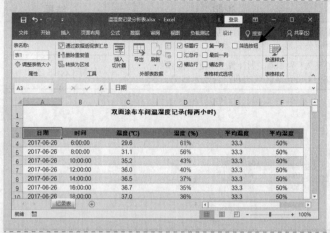

Step 16 美化工作表

① 设置字体、字号、加粗、居中和填充颜色。

② 调整行高和列宽。

③ 取消"筛选按钮"的显示。

在"表格工具—设计"选项卡的"表格样式选项"命令组中，取消勾选"筛选按钮"复选框。

④ 取消网格线的显示。

切换至"视图"选项卡，取消勾选"显示"命令组中的"网格线"复选框。

关键知识点讲解

1. 函数应用：IF 函数

■ 函数用途

根据对指定的条件计算结果为 TRUE 或 FALSE，返回不同的结果。

■ 函数语法

IF(logical_test,[value_if_true],[value_if_false])

■ 参数说明

logical_test 　　必需。表示计算结果为 TRUE 或 FALSE 的任意值或表达式。

value_if_true 　　可选。显示在 logical_test 为 TRUE 时返回的值。

value_if_false 　　可选。显示在 logical_test 为 FALSE 时返回的值。

■ 函数说明

● IF 函数支持函数嵌套，最多可以使用 64 层的嵌套。参数 value_if_true 和 value_if_false，可以是指定的数字或文本，也可以是一段计算公式。

■ 函数简单示例

示例一：

示例数据如下。

	A
1	50

IF 函数应用示例如下。

示例	公式	说明	结果
1	=IF(A1<=100,"预算内","超出预算")	如果 A1 小于等于 100，则公式将显示"预算内"；否则公式显示"超出预算"	预算内
2	=IF(A1=100,SUM(C6:C8),"")	如果 A1 为 100，则计算 SUM(C6:C8)部分，得到 C6:C8 单元格区域的和；否则返回空文本	计算 C6:C8 之和

示例二：

示例数据如下。

	A	B
1	实际费用	预期费用
2	1500	900
3	500	900

IF 函数应用示例如下。

示例	公式	说明	结果
1	=IF(A2>B2,"超出预算","预算内")	判断 A2 的实际费用是否大于 B2 的预期费用	超出预算
2	=IF(A3>B3,"超出预算","预算内")	判断 A3 的实际费用是否大于 B3 的预期费用	预算内

示例三：

示例数据如下。

	A
1	成绩
2	55
3	90
4	79

IF 函数应用示例如下。

示例	公式	说明	结果
1	=IF(A2>89,"A",IF(A2>79,"B",IF(A2>69,"C",IF(A2>59,"D","F"))))	给 A2 单元格内的成绩指定一个字母等级	F

2. 函数应用：ROW 函数

函数用途

返回引用的行号。

函数语法

ROW([reference])

参数说明

reference   为需要得到其行号的单元格或单元格区域。

函数说明

● 如果省略 reference，则假定是对 ROW 函数所在单元格的引用。

函数简单示例

示例	公式	说明	结果
1	=ROW()	公式所在行的行号，结果随公式所在行号发生变化	2
2	=ROW(C10)	引用所在行的行号，结果随参数所在行号发生变化	10

3. 函数应用：WEEKDAY 函数

■ **函数用途**

返回对应于某个日期的一周中的第几天。默认情况下，天数是 1（星期日）到 7（星期六）范围内的整数。

■ **函数语法**

WEEKDAY(serial_number,[return_type])

第一参数是用于判断星期的日期，第二参数用于确定返回值的类型，不同的参数对应返回值的类型如下表所示。

return_type	返回的数字
1 或省略	数字 1（星期日）到 7（星期六）
2	数字 1（星期一）到 7（星期日）
3	数字 0（星期一）到 6（星期日）
11	数字 1（星期一）到 7（星期日）
12	数字 1（星期二）到 7（星期一）
13	数字 1（星期三）到 7（星期二）
14	数字 1（星期四）到 7（星期三）
15	数字 1（星期五）到 7（星期四）
16	数字 1（星期六）到 7（星期五）
17	数字 1（星期日）到 7（星期六）

WEEKDAY 函数的第二参数使用 2 时，返回数字 1~7 分别表示星期一至星期日。

■ **本例公式说明**

在 Step 7 中输入了以下公式。

```
=IF(WEEKDAY(A4+1,2)=6,A4+3,A4+1)
```

首先将 A4 单元格中的日期加上 1 天后，通过 WEEKDAY 函数计算日期对应的星期数。如果返回的星期数值是 6，则用 A4 单元格中的日期值加上 3 天，否则用 A4 单元格中的日期值加上 1 天。最终实现不包含周六和周日的日期填充。

4. 函数应用：AVERAGE 函数

■ **函数用途**

计算引用区域中所有数字的算术平均值。

■ **函数语法**

AVERAGE(number1, [number2], ...)

■ **参数说明**

number1 必需。要计算平均值的第一个数字、单元格引用或单元格区域。

number2, ... 可选。要计算平均值的其他数字、单元格引用或单元格区域，最多可包含 255 个。

■ **函数说明**

如果引用区域中包含文本、逻辑值或空单元格，则这些值将被忽略；但包含零值的单元格将被计算在内。

5. 函数应用：ROUND 函数

▣ 函数用途

返回某个数字按指定位数取整后的数字。

▣ 函数语法

ROUND(number,num_digits)

▣ 参数说明

number1　指需要进行四舍五入的数字。

num_digits　为指定的位数，按此位数进行四舍五入。

▣ 函数说明

● 如果 num_digits 大于 0，则四舍五入到指定的小数位。

● 如果 num_digits 等于 0，则四舍五入到最接近的整数。

● 如果 num_digits 小于 0，则在小数点左侧进行四舍五入。

▣ 函数简单示例

示例	公式	说明	结果
1	=ROUND(2.15,1)	将 2.15 四舍五入到 1 个小数位	2.2
2	=ROUND(2.149,2)	将 2.149 四舍五入到 2 个小数位	2.15
3	=ROUND(−1.475,2)	将−1.475 四舍五入到 2 个小数位	−1.48
4	=ROUND(21.5,−1)	将 21.5 四舍五入到小数位左侧 1 位	20

扩展知识点讲解

自动填充时不带格式填充

在使用填充柄对公式进行复制时，如果原有的单元格或者单元格区域中设定了某种格式，直接填充时会将这种格式复制到目标单元格区域中。使用自动填充柄拖曳操作后，会显示一个智能标记，也就是"自动填充选项"按钮。

单击其右侧的下拉箭头，会弹出选项对话框。这个对话框根据复制或者填充序列的内容不同而有所区别。只要单击"不带格式填充"单选钮，复制数据的时候，原单元格的格式就不会复制到目标单元格区域中。

1.2.2　绘制温湿度图表

接下来根据"记录表"中的内容来绘制一个图表，以显示温度、湿度以及平均温度和平均湿度的变化情况。

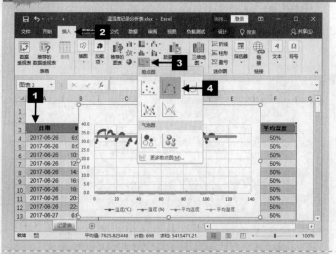

Step 1 插入散点图

选中 A3:F129 单元格区域，单击"插入"选项卡，单击"图表"命令组中的"散点图"按钮，在打开的下拉菜单中选择"散点图"下的"带平滑线和数据标记的散点图"。

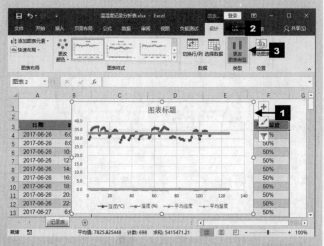

Step 2 更改图表类型

① 在图表区域内任意位置单击，然后依次单击"图表工具—设计"→"更改图表类型"按钮。

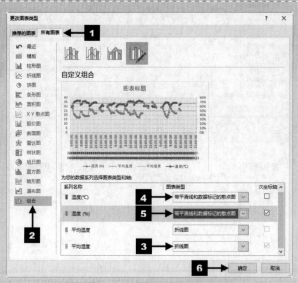

② 在打开的"更改图表类型"对话框中，单击"所有图表"选项卡中的"组合"按钮，在"为您的数据系列选择图表类型和轴"区域进行如下操作。

a. 设置"平均湿度"数据系列为"折线图"，勾选"次坐标轴"复选框。

b. 设置"温度"数据系列为"带平滑线和数据标记的散点图"。

c. 设置"湿度"数据系列为"带平滑线和数据标记的散点图"，勾选"次坐标轴"复选框。

单击"确定"按钮完成设置。

Step 3 删除不需要的图表元素

① 单击"水平（类别）轴"，然后右键单击，在弹出的快速菜单中选择"删除"命令。

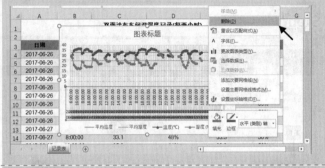

② 单击"水平（类别）轴 主要网格线"的垂直网格线，然后按<Delete>键删除。

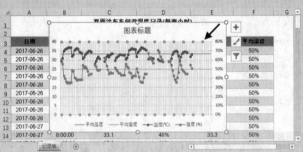

删除后的效果如图所示。

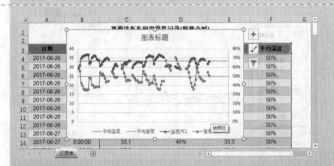

Step 4 添加数据标签

① 单击"平均温度"数据系列，再单击最右侧的一个数据点。单击鼠标右键，在弹出的快捷菜单中选择"添加数据标签"命令，为其添加数据标签。

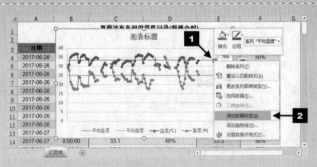

② 单击添加的数据标签，拖动鼠标，调整数据标签至适当的位置。

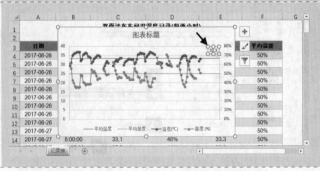

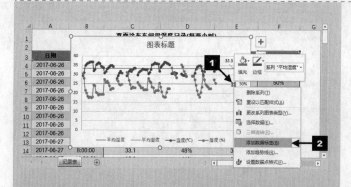

③ 单击"平均湿度"数据系列，再单击最右侧的一个数据点。单击鼠标右键，在弹出的快捷菜单中单击"添加数据标签"命令，为其添加数据标签。

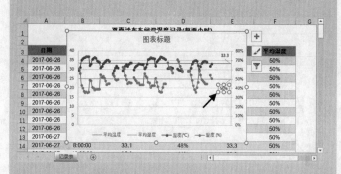

④ 单击添加的"数据标签"，拖动鼠标，调整数据标签至适当的位置。

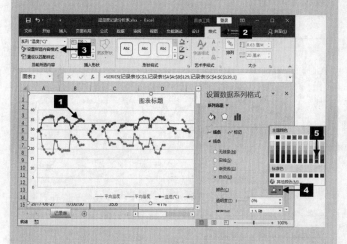

Step 5 设置"温度"系列格式

① 单击"温度"数据系列，然后在"图表工具—格式"选项卡中单击"当前所选内容"组中的"设置所选内容格式"按钮。

② 打开设置格式窗格，在"填充与线条"区域的"线条"组中单击"颜色"按钮，在弹出的"主题颜色"中选中"水绿色，个性色 5，深色 50%"。

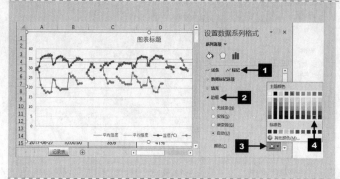

③ 保持"温度"系列的选中状态，单击"标记"命令，在"边框"组中设置其"颜色"也为"水绿色，个性色 5，深色 50%"。

④ 设置填充颜色为"水绿色,个性色5,淡色60%"。

Step 6 设置"湿度"系列格式

① 选中"湿度"数据系列,在设置格式窗格"填充与线条"区域的"线条"组中,单击"颜色"按钮,在弹出的"主题颜色"中单击选中"橙色,个性色2,深色50%"。

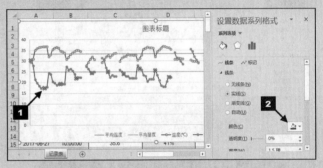

② 保持"湿度"系列的选中状态,单击"标记"命令,在"边框"组中设置其"颜色"为"橙色,个性色2,深色50%"。

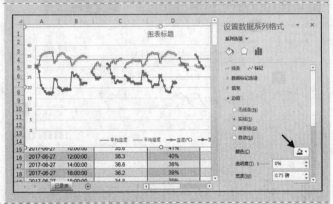

③ 设置填充颜色为"橙色,个性色2,淡色60%"。

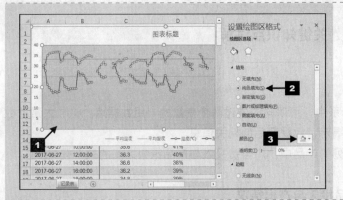

Step 7 设置绘图区格式

在绘图区内任意处单击，选中"绘图区"，在设置格式窗格的"填充"区域，设置其填充为"纯色填充"，"颜色"为"水绿色，个性色 5，淡色 60%"。

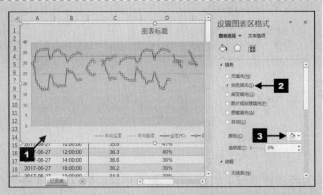

Step 8 设置图表区格式

在图表区内任意处单击，选中"图表区"，在设置格式窗格的"填充"区域，设置其填充为"纯色填充"，"颜色"为"水绿色，个性色 5，淡色 80%"。

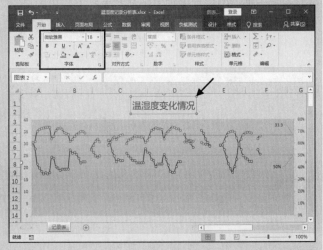

Step 9 修改图表标题名称

① 选中"图表标题"，将其修改为"温湿度变化情况"。

② 选中该图表标题，单击"开始"选项卡，设置图表标题的字体为"微软雅黑"，字号为"18"。

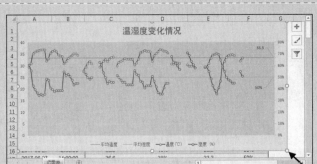

Step 10 调整图表大小

单击图表区域，拖动图表周围出现的调整柄，将其调整至适当大小。

关键知识点讲解

图表类型：散点图

散点图是绘制在 x 轴和 y 轴坐标系中，可以同时表述两个变量的一组数据点。这些大量的数据点组合在一起，形成了一些形状，揭示了数据背后的相关信息。

例如以下散点图就揭示了不同系列的产品中，广告费投入与产品销售之间的关系模式。

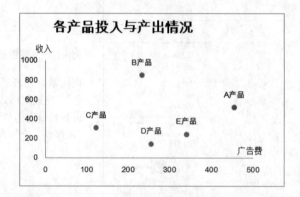

Excel 中的散点图包括散点图、带平滑线和数据标记的散点图、带平滑线的散点图、带直线和数据标记的散点图、带直线的散点图、气泡图和三维气泡图等多种子图表类型。

第 **2** 章　订单管理

Excel 2016 高效办公

　　订单管理是客户关系管理的有效延伸，能更好地把个性化、差异化服务有机地融入客户管理中去，推动经济效益和客户满意度的提升。由于客户下订单的方式多种多样，订单执行路径千变万化，产品和服务不断变化，发票开具难以协调，这些情况使得订单管理变得十分复杂；而利用 Excel 可以帮助用户更好地管理订单，有效地利用订单。

案例背景

当要进行产品生产时，首先需要有客户订单。而大多的客户会选择从 ERP 系统中将下游供应商的订单导出，通过邮件附件的方式发送，而其中大部分会使用文本文件的格式。

由于这些文本文件是从 ERP 系统中导出的，所以每个字段栏位会存在统一的分隔符号。当我们接收到这些订单文件的时候，需要将其导入 Excel 中进行数据处理和加工。

关键技术点

要实现本案例中的功能，读者应当掌握以下 Excel 技术点。

- 文本文件的导入
- 数据分列

最终效果展示

Order Date	PO Number	Part Number	Quantity	Serial Number	Description	Lot Number
2017/4/20	226799229431	529026169	128	114	7Q882 MASTER WIDGET ASSEMBLY	226799229431
2017/4/20	226799229431	528022198	256	437	7Q882 SUB WIDGET ASSEMBLY	226799229432
2017/4/20	226799229431	534029207	512	297	7Q882 OPTION A WIDGET ASSEMBLY	226799229433
2017/4/20	226799229431	511023483	1024	1823	7Q882 OPTION B WIDGET ASSEMBLY	226799229434

客户订单管理

示例文件

\示例文件\第 2 章\订单管理.xlsx

导入文本文件

2.1 导入文本格式的订单文件

下图所示的文本型订单文件，我们需要将其导入 Excel 中进行数据处理。将文本文件导入 Excel 中的具体操作步骤如下。

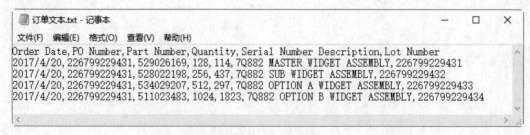

接收的用户订单文本文件

Step 1 导入文件

① 创建新工作簿，并将其命名保存为"客户订单管理"。

② 依次单击"数据"选项卡→"获取外部数据"组中的"获取外部数据"按钮→"自文本"按钮。

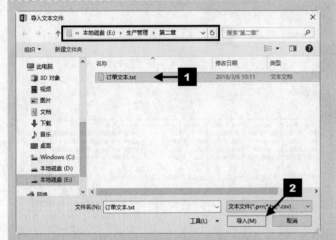

Step 2 选择数据源

在打开的"导入文本文件"对话框中选中要导入的文件，然后单击"导入"按钮。

Step 3 选择分列类型

打开"文本导入向导—第 1 步，共 3 步"对话框，保持默认选中的"分隔符号"选项，单击"下一步"按钮。

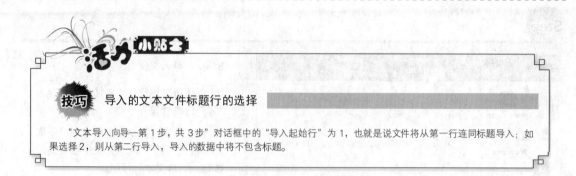

技巧 导入的文本文件标题行的选择

　　"文本导入向导—第1步，共3步"对话框中的"导入起始行"为1，也就是说文件将从第一行连同标题导入；如果选择2，则从第二行导入，导入的数据中将不包含标题。

Step 4　选择分隔符

打开"文本导入向导—第2步，共3步"对话框，在"其他"选项的编辑框中输入半角逗号","，然后单击"下一步"按钮。

Step 5　设置列数据格式

① 打开"文本导入向导—第3步，共3步"对话框，单击"Lot Number"字段，然后在"列数据格式"区域选择"文本"选项。

② 用同样的方法把"PO Number"字段也设置为文本格式。

③ 单击"完成"按钮。

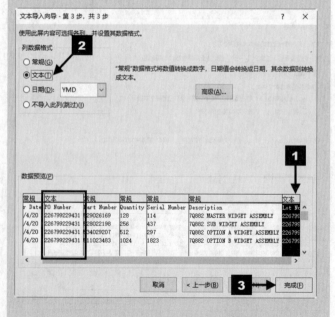

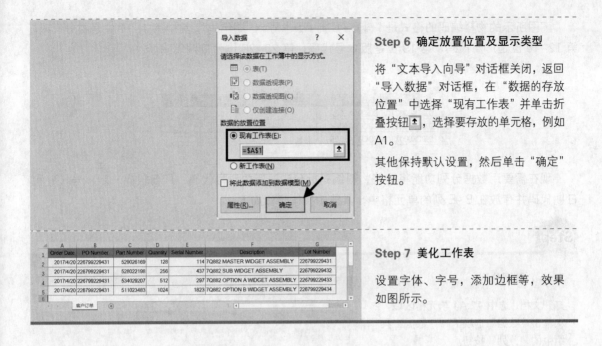

Step 6　确定放置位置及显示类型

将"文本导入向导"对话框关闭，返回"导入数据"对话框，在"数据的存放位置"中选择"现有工作表"并单击折叠按钮，选择要存放的单元格，例如A1。

其他保持默认设置，然后单击"确定"按钮。

Step 7　美化工作表

设置字体、字号，添加边框等，效果如图所示。

关键知识点讲解

列数据格式的作用

（1）数值格式与文本格式。

Excel 中的数字通常有数值格式和文本格式两种显示格式。数值格式方便求和等公式的计算，也是其常规格式；文本格式适合输入身份证号码等长数字。

Excel 表格中最多可正常显示 11 位的数值，12 位或 12 位以上的数值就会以科学计数法显示，而"文本导入向导"中的"列数据格式"中的"文本"选项则可避免此情况的发生。

如本案例中"PO Number"字段的数据，由于数值位数较多，如果以常规格式输入的话，会显示为"E+"样式。

（2）日期格式。

"日期"格式可将日期所在列的数字转换为 Excel 日期格式，默认的日期类型是"YMD"，即"年–月–日"的显示顺序。

（3）不导入此列（跳过）。

如果源文件中并不是所有的列都需要导入 Excel，需要有选择地导入一些列，则可使用此功能，操作方法参考 Step 5。

扩展知识点讲解

数据分列

一些有特定规律的文本（如在工厂进行生产时使用的物料编码），在后续的处理中，往往需要按其编码规则进行数据分列，使用 Excel 的"数据分列"功能可以轻松实现。

下图所示的物料编码的格式是"料号+厂商+版本号+日期代码"。其中第 1~11 位是料号代码，第 12~18 位是厂商代码，第 19 位是版本号代码，第 20~23 位为日期代码。

	A	B	C	D	E
1	物料编码	料号	厂商	版本号	日期代码
2	DJ0CK000210JDCDCH0A10CA				
3	DJ0CK000110JDCDCH0A10CK				
4	DJ0CK000110JDCDCH0A10CS				

现在需要用数据分列功能将这些物料编码拆分成对应的料号代码、厂商代码、版本号代码和日期代码并存放在 B~E 列的单元格中，具体的操作步骤如下。

Step 1 数据分列

打开文档，选中 A2:A4 单元格区域，依次单击"数据"选项卡→"数据工具"组中的"分列"按钮。

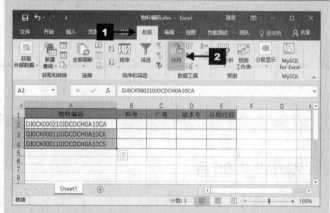

Step 2 选择分列类型

在弹出的"文本分列向导—第 1 步，共 3 步"对话框中单击"固定宽度"单选钮，然后单击"下一步"按钮。

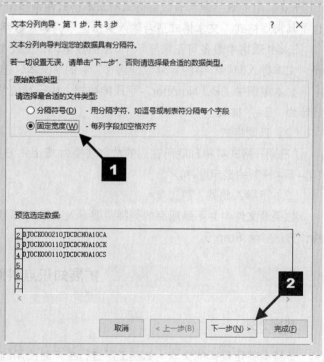

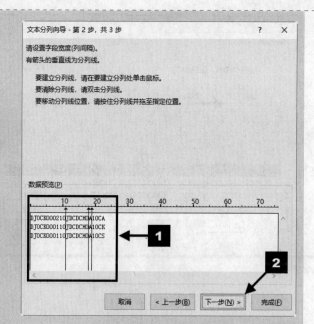

Step 3 设置分列线

在"文本分列向导—第 2 步，共 3 步"对话框中，在"数据预览"区域单击各个类别对应的长度的位置，即依次在第 11 和第 12、第 18 和第 19、第 19 和第 20 个字符之间单击，然后单击"下一步"按钮。

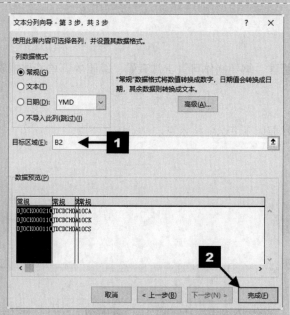

Step 4 设置放置区域

在"文本分列向导—第 3 步，共 3 步"对话框中，在"目标区域"编辑框中输入"B2"，然后单击"完成"按钮。

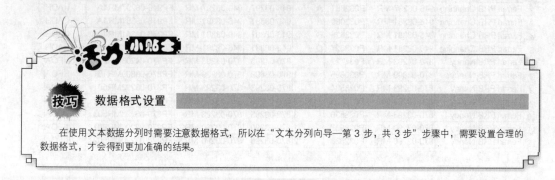

技巧 数据格式设置

在使用文本数据分列时需要注意数据格式，所以在"文本分列向导—第 3 步，共 3 步"步骤中，需要设置合理的数据格式，才会得到更加准确的结果。

Step 5 Microsoft Excel 提示

如果在放置位置有其他内容,则会弹出如图所示的提示对话框。确认无误后,可以单击"确定"按钮完成操作。

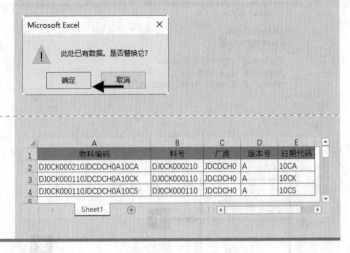

最终效果如图所示。

	A	B	C	D	E
1	物料编码	料号	厂商	版本号	日期代码
2	DJ0CK000210JDCDCH0A10CA	DJ0CK000210	JDCDCH0	A	10CA
3	DJ0CK000110JDCDCH0A10CK	DJ0CK000110	JDCDCH0	A	10CK
4	DJ0CK000110JDCDCH0A10CS	DJ0CK000110	JDCDCH0	A	10CS

2.2 编制订单管理报表

案例背景

依据生产及客户需求进行订单交货管理,需要制作可供日常查看、编辑的订单管理报表。

关键技术点

要实现本案例中的功能,读者应当掌握以下 Excel 技术点。

- 批量输入相同内容和快速填充
- 日期的输入
- 创建组

最终效果展示

	A	B	C	D	E	F	G	H	I	
1	Build	PD	备案提供	MPN	Config	Apple PN	HH PN	OEM PN	Rev	Desc
2	Ferrari PRB	Channing	946-08297-MR	P032881	A	946-08297	946-08297-MR	FP946-08297MR1A	1	ADH
3	Ferrari PRB	Channing	946-08381-MR	P033080	A	946-08381	946-08381-MR	FP946-08381MR4A	4	ADH
4	Ferrari PRB	Channing	946-08381-MR	P033626	B	946-08381	946-08381-MR	FP946-08381MR4B	4	ADH
5	Ferrari PRB	Channing	946-08381-MR	P033627	D	946-08381	946-08381-MR	FP946-08381MR4D	4	ADH
6	Ferrari PRB	Nancy	870-04203-MR	P031722		870-04203	870-04203-MR	FP870-04203MR2	2	FOA
7	Ferrari PRB	Nancy	870-03809-MR	P030695	1	870-03809	870-03809-MR	FP870-03809MR101	1	FOA
8	Ferrari PRB	Nancy	870-03293-MR	P033534	1	870-03293	870-03293-MR	FP870-03293MR501	5	FOA
9	Ferrari PRB	Nancy	870-03293-MR	P033535	2	870-03293	870-03293-MR	FP870-03293MR502	5	FOA
10	Ferrari PRB	Nancy	870-03293-MR	P033536	3	870-03293	870-03293-MR	FP870-03293MR503	5	FOA
11	Ferrari PRB	Nancy	870-03290-MR	P028967	1	870-03290	870-03290-MR	FP870-03290MR801	8	FOA
12	Ferrari PRB	Nancy	870-03290-MR	P032633	2	870-03290	870-03290-MR	FP870-03290MR802	8	FOA

订单管理报表

示例文件

\示例文件\第 2 章\订单管理报表.xlsx

订单管理报表的制作步骤如下。

Step 1 创建工作簿并输入部分标题

创建新工作簿并将其命名保存为"订单管理报表"。

完成 A1:M1 单元格区域的标题输入。

Step 2 自动换行

选中 L1:M1 单元格区域，依次单击"开始"选项卡→"对齐方式"组中的"自动换行"按钮 。

Step 3 填充序列

① 在 N1 单元格中输入"3 月 1 日"，单击选中 N1 右下角的填充柄，向右拖曳填充柄到目标单元格，如 AB1 单元格。

② 完成 AC1:AE1 区域的标题输入。

Step 4 填充序列

在 A2 单元格中输入"Ferrari PRB"，向下拖曳填充柄复制填充至目标单元格，如 A50 单元格。

Step 5 批量输入相同内容

① 选中 B2:B5 单元格区域，输入 "Channing"，然后按<Ctrl+Enter>组合键确认，即可批量输入同一内容。

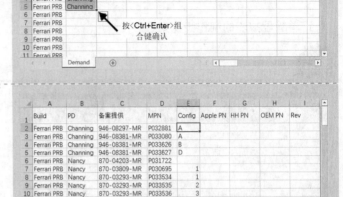

② 用同样的方法，输入 B～E 列的其他内容。
③ 调整适当列宽。

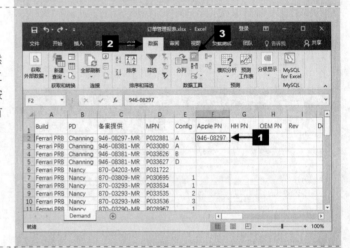

Step 6 快速填充

在 F2 单元格中输入 "946-08297"，然后依次单击 "数据" 选项卡→ "数据工具" 组中的 "快速填充" 按钮，或按组合键<Ctrl+E>快速填充 F 列的所有数据。

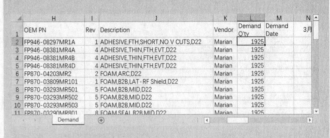

Step 7 其他文本内容的输入

在 G～L 列输入其他相关的内容。

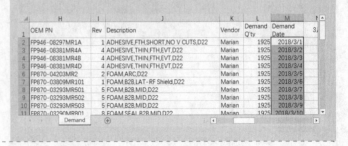

Step 8 日期的输入

在 M2 单元格中输入 "2018/3/1"，然后双击 M2 单元格右下角的填充柄，即可向下复制填充时间序列至目标单元格。

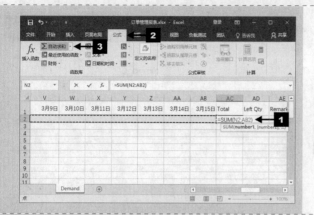

Step 9 自动求和

将光标定位在 AC2 单元格，然后依次单击"公式"选项卡→"函数库"组中的"自动求和"按钮，然后拖动鼠标选中 N2:AB2 单元格区域，按<Enter>键确认，即可完成以下公式的输入。

`=SUM(N2:AB2)`

向下复制填充公式至目标单元格。

Step 10 输入公式

将光标定位在 AD2 单元格，输入以下公式，按<Enter>键确认。

`=L2-AC2`

向下复制填充公式至目标单元格。

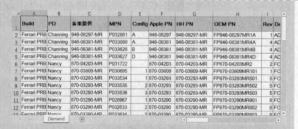

Step 11 美化工作表

设置字体、字号，添加边框，调整适列宽等。

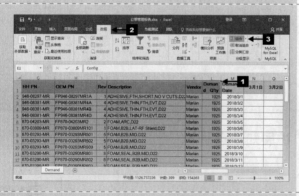

Step 12 创建组（一）

因为表格内容很多，使用 Excel 的"组"功能可以很好地避免浏览时的不便。

可把同一类型的列（或行）设为一组，不需要时可折叠显示。

选中 E:L 列，依次单击"数据"选项卡→"分级显示"组中的"组合"按钮，可创建组。

Step 13 创建组（二）

用同样的方法将 N:AB 列作为一组。

此时，工作表视图中会自动添加加号（+）、减号（-）和数字 1、2、3 等，单击这些符号，可以显示或隐藏明细数据。

Step 14 启动筛选

① 在数据列表中选中任意单元格，如 D3 单元格，然后依次单击"数据"选项卡→"排序和筛选"组中的"筛选"按钮。

此时，功能区的"筛选"按钮呈高亮显示，数据列表中所有字段的标题单元格中会出现下拉箭头。

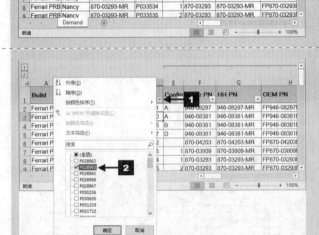

② 单击任意一个字段标题单元格中的下拉箭头，如 D1 单元格，可在弹出的下拉菜单中选中某一项的内容进行查看，其他未选中的将被隐藏，如图所示。

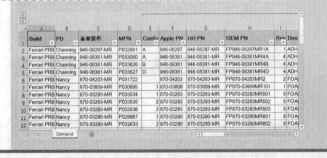

至此，订单管理报表基本完成，可方便地进行操作和管理。

扩展知识点讲解

（一）神奇的"快速填充"

从 Excel 2013 版本开始，Excel 就提供了"快速填充"功能，可以基于示例填充数据。这个功能并非"自动填充"的升级，它强大到足以让用户抛弃分列功能和文本函数。在此基础之上，Excel 2016 的"快速填充"功能更为强大，让我们通过下面的示例一同感受"快速填充"的高效和智能吧！

快速填充

1. 提取字符串中的数字或字符串

在 C2 单元格输入需要得到的示例结果 696 后，激活需要填充的单元格，如 C3，按<Ctrl+E>

组合键即可。

	A	B	C	D	E
1	源数据	品名	单价	购买数量	
2	豆浆机：696 买2个	豆浆机	696	2	
3	榨汁机：488元 买1个	榨汁机	488		
4	苹果：8元/斤 买15斤	苹果	8		
5	哈密瓜：15元/个 买2个	哈密瓜	15		
6					
7					

2. 提取合并一次实现

"快速填充"功能不仅可以实现批量提取的效果，而且在提取的同时还可以将两列单元格的不同内容合并起来。只要在首个单元格，如 D2 中输入需要得到的示例结果"中国北京市海淀区市东大街 128 号"，然后选中 D2:D5 单元格区域，按<Ctrl+E>组合键即可。

	A	B	C	D	E	F
1	国家	省市	街道	地址合并		
2	中国	北京市海淀区	市东大街128号	中国北京市海淀区市东大街128号		
3	英国	伦敦	OXFORD STREET	英国伦敦OXFORD STREET		
4	美国	纽约	洲际8号大道110	美国纽约洲际8号大道110		
5	德国	柏林	菩提树下大街208号	德国柏林菩提树下大街208号		
6						

3. 提取身份证号中的出生日期

"快速填充"还可用来提取身份证号中的出生日期，提取日期前，需要对日期格式进行设置。按<Ctrl+1>组合键打开"单元格格式"对话框，切换到"数字"选项卡，选择"自定义"分类，在右侧的"类型"中输入代码"yyyy/mm/dd"，单击"确定"按钮。

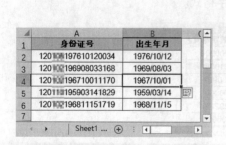

4. 向字符串中添加字符

根据数据特点，有时需要输入 2 个甚至 3 个希望得到的示例结果，"快速填充"能够正确理解用户的意图。

5. 调整字符串的顺序

"快速填充"功能还可以用来调整字符串的顺序。

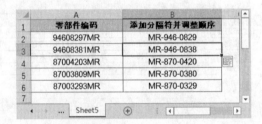

6. 将不规范的日期转化为标准格式的日期

A 列中输入的日期格式是不被 Excel 认可的，它会被当作文本，但"快速填充"功能，可将其转化成为标准的日期格式。

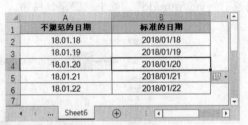

7. 整理数据（将不规范的数字格式转换为标准格式）

下图中 A 列的数据是从其他系统导出的，是不规范的数字格式，有的甚至有空格等不可见字符，使用"快速填充"功能，也可以将其转换为规范的数字格式。

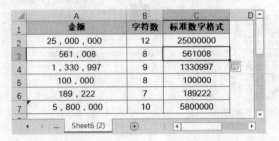

8. 大小写的转换和重组

下图所示的示例，不但添加了字符，还对字符进行了重新排序，并且字母也全部转化为大写，通过"快速填充"功能可以一次性快速完成。

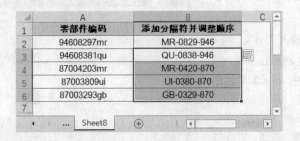

注：① 当"快速填充"的结果不准确时，可以多给出几个示例，以便 Excel 更好地把握操作者的意图。

② 不只是数据区域右边的列才能使用"快速填充"功能，左边的列同样可以。

③ 当源数据发生改变时，快速填充的结果不会随之自动更新。

④ 以上介绍的功能可以自由组合。

（二）批量输入相同数据

● 使用填充柄

选中 A1 单元格，输入"kg"。

选中 A1 单元格，拖曳右下角的填充柄至 A5 单元格。

● 利用<Ctrl+Enter>组合键

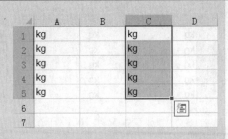

选中需要批量输入相同数据的C1:C5 单元格区域，输入"kg"，按<Ctrl+Enter>组合键。

● 利用定位条件

Step

Step 1 输入内容，选中输入同样内容的单元格

① 选中 E1 单元格，输入 "kg"。

选中 E2 单元格，按住<Shift>键不放，单击 E5 单元格，选中 E2:E5 单元格区域。

② 在"开始"选项卡的"编辑"命令组中单击"查找和选择"按钮，并在打开的下拉菜单中选择"定位条件"。

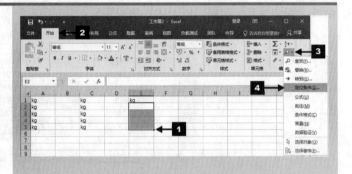

Step 2 使用定位

弹出"定位条件"对话框，单击"空值"单选钮，单击"确定"按钮。

Step 3 编辑公式

在编辑栏中输入等号。

=

然后用鼠标单击 E1 单元格。

Step 4 快速输入单元格内容

按<Ctrl+Enter>组合键即可完成相同内容的输入。

提示：利用"定位空值"可在不连续单元格中批量输入相同内容。

（三）清除分级显示

分级显示创建完成后，用户如果希望将数据列表恢复到建立分级显示前的状态，只需要在"数据"选项卡的"分级显示"组中单击"取消组合"按钮，在扩展菜单中单击"清除分级显示"命令即可，如下图所示。

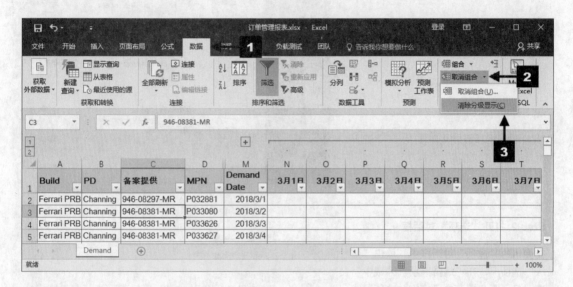

如果行列都创建了分级显示，要取消行或列的分级显示，可以在"数据"选项卡的"分级显示"组中单击"取消组合"按钮，然后在扩展菜单中单击"取消组合"命令，最后在弹出的"取消组合"对话框中选中要取消的"行"或"列"单选按钮，如下图所示。

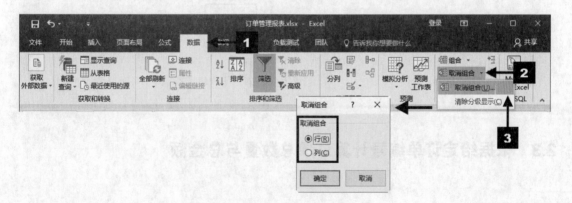

（四）启用填充柄和单元格拖放、快速填充功能

本案例中多次使用了填充柄和单元格的拖放，以及快速填充功能，这些操作可以大大减少重复劳动，提高工作效率。

尤其是"快速填充"功能，更是出神入化，它是基于示例填充数据的。其通常在识别数据中的某种模式后开始运行，当目标数据具有某种一致性时效果更佳。

当你的工作表中这些神奇的操作都不能进行时，可按下列操作步骤查看这些功能是否已开启。

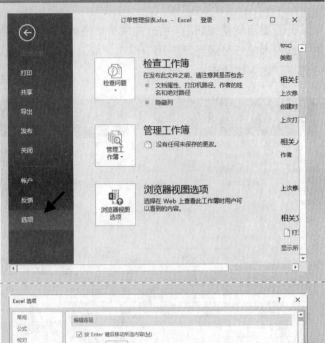

Step 1 选择"选项"命令

依次单击"文件"选项卡→"选项"命令。

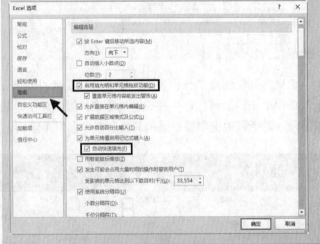

Step 2 打开"选项"对话框

在弹出的"选项"对话框中，单击"高级"选项卡，在"编辑选项"区域中勾选"启用填充柄和单元格拖放功能"或"自动快速填充"复选框。

2.3 依据给定订单编号计算订单总数量与总金额

案例背景

本案例是某企业销售数据清单。清单中包括销售日期、订单编号、购货单位、产品名称、实发数量、销售单价、销售金额、业务员等信息，信息量大，涵盖内容多。利用数据透视表只需几步简单操作，就可将一些有价值的数据清晰呈现。

关键技术点

要实现本案例中的功能，读者应当掌握以下 Excel 技术点。

- 创建数据透视表
- 定义名称
- 数据透视表的美化

最终效果展示

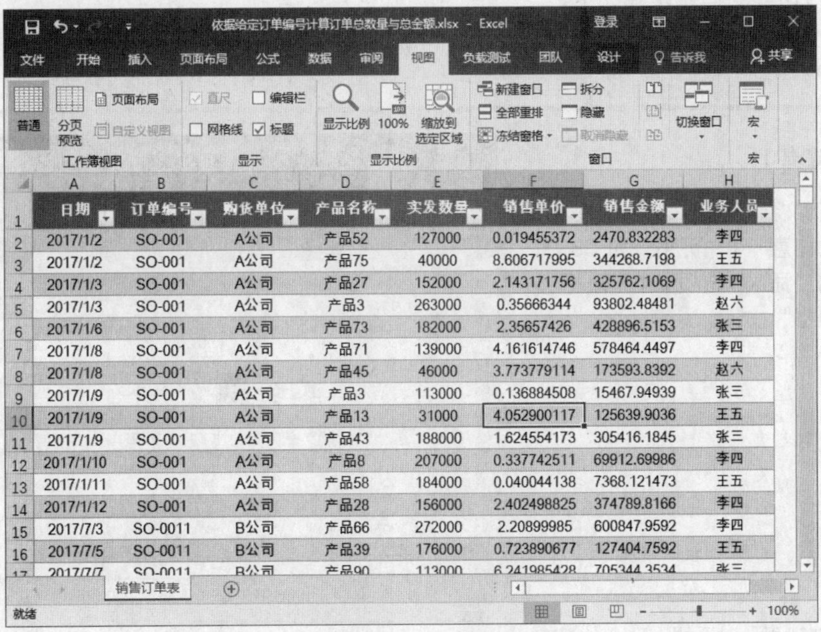

	A 日期	B 订单编号	C 购货单位	D 产品名称	E 实发数量	F 销售单价	G 销售金额	H 业务人员
2	2017/1/2	SO-001	A公司	产品52	127000	0.019455372	2470.832283	李四
3	2017/1/2	SO-001	A公司	产品75	40000	8.606717995	344268.7198	王五
4	2017/1/3	SO-001	A公司	产品27	152000	2.143171756	325762.1069	李四
5	2017/1/3	SO-001	A公司	产品3	263000	0.35666344	93802.48481	赵六
6	2017/1/6	SO-001	A公司	产品73	182000	2.35657426	428896.5153	张三
7	2017/1/8	SO-001	A公司	产品71	139000	4.161614746	578464.4497	李四
8	2017/1/8	SO-001	A公司	产品45	46000	3.773779114	173593.8392	赵六
9	2017/1/9	SO-001	A公司	产品3	113000	0.136884508	15467.94939	张三
10	2017/1/9	SO-001	A公司	产品13	31000	4.052900117	125639.9036	王五
11	2017/1/9	SO-001	A公司	产品43	188000	1.624554173	305416.1845	张三
12	2017/1/10	SO-001	A公司	产品8	207000	0.337742511	69912.69986	李四
13	2017/1/11	SO-001	A公司	产品58	184000	0.040044138	7368.121473	王五
14	2017/1/12	SO-001	A公司	产品28	156000	2.402498825	374789.8166	李四
15	2017/7/3	SO-0011	B公司	产品66	272000	2.20899985	600847.9592	李四
16	2017/7/5	SO-0011	B公司	产品39	176000	0.723890677	127404.7592	王五
17	2017/7/7	SO-0011	B公司	产品90	113000	6.241985428	705344.3534	张三

用来创建数据透视表的数据列表

订单编号	SO-0011			
购货单位	**产品名称**	**业务人员**	**实发数量**	**销售金额**
B公司	产品19	张三	80000	166387.28
B公司	产品26	张三	246000	2119967.25
B公司	产品27	张三	218000	1666878.89
B公司	产品39	李四	176000	127404.76
B公司	产品45	赵六	88000	168735.88
B公司	产品63	张三	125000	660132.94
B公司	产品66	赵六	272000	600847.96
B公司	产品67	李四	189000	1061954.27
B公司	产品68	赵六	124000	321544.00
B公司	产品84	张三	280000	191485.71
B公司	产品90	王五	113000	705344.35
B公司	产品94	张三	62000	56664.18
总计			1973000	7847347.47

数据透视表

示例文件

\示例文件\第 2 章\依据给定订单编号计算订单总数量与总金额.xlsx

Excel 不仅具备了快速编辑报表的能力，同时还具有强大的数据处理功能。数据透视表功能能够将筛选、排序和分类汇总等操作依次完成，并生成汇总表格，是 Excel 强大的数据处理能力的具体休现。

数据透视表能帮助用户分析、组织数据，利用它可以很快地从不同角度对数据进行分类汇总。不过，应该明确的是：不是所有工作表都有建立数据透视表的必要。

记录数量众多，以流水账形式记录结构复杂的工作表，为了将其中的一些内在规律显现出来，可将工作表重新组合并添加算法，即建立数据透视表。

实现这一功能的操作步骤如下。

Step 1 创建表 1

① 打开示例文件，选中"销售订单表"工作表中的任意一个单元格，如 C5 单元格，单击"插入"选项卡中"表格"组中的"表格"按钮。

② 弹出"创建表"对话框，Excel 会在"表数据的来源"编辑框中自动输入 C5 单元格所在的列表区域，默认勾选"表包含标题"复选框，单击"确定"按钮。

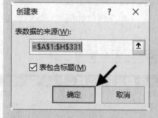

③ "表格"功能除支持自动扩展、汇总行等功能外，还支持"结构化引用"。当单元格区域创建为"表格"区域后，Excel 会自动为其定义"表 1"之类的名称，并允许修改。

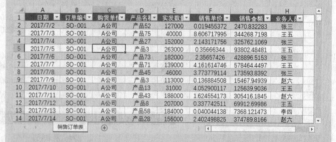

Step 2 查看名称管理器

① 依次单击"公式"选项卡→"公式审核"组中的"定义的名称"按钮，在弹出的下拉菜单中单击"名称管理器"。

② 在弹出的"名称管理器"对话框中，可以看到在 Step 1 中自动定义的名称"表 1"。

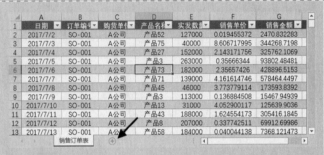

Step 3　添加新工作表

① 单击工作表标签右侧的"插入工作表"按钮⊕，在现有工作表的右侧快速插入新工作表。

② 双击新工作表的标签，进入标签名称的编辑状态，输入新名称"查询订单"，并在相应单元格区域输入需要查询的订单编号。

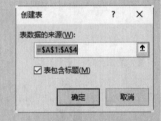

Step 4　创建表 2

将光标定位在"查询订单"工作表中的 A2 单元格，然后按<Ctrl+T>组合键，弹出"创建表"对话框，保持所有默认设置，单击"确定"按钮，创建表格，Excel 自动为其定义名称为"表 2"。

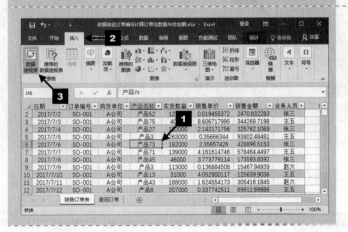

Step 5　创建数据透视表

① 切换到"销售订单表"工作表，单击数据区域中的任意单元格，如 D6 单元格，然后依次单击"插入"选项卡→"表格"命令组中的"数据透视表"按钮。

② 打开"创建数据透视表"对话框,保持默认设置,直接单击"确定"按钮。

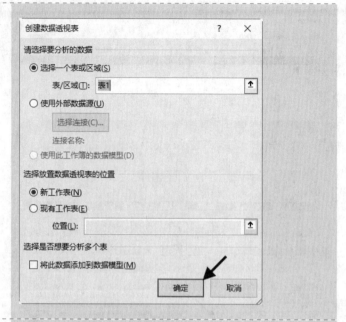

③ 此时即在当前工作簿中插入了一个带有数据透视表的工作表 Sheet1。

创建数据透视表后,Excel 将自动打开"数据透视表字段"任务窗格,在功能区中自动激活"数据透视表字段"的选项组。

④ 拖动"字段"区右侧的滚动条至最下方,单击"更多表格"命令。

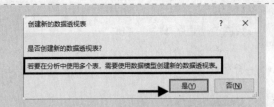

⑤ 弹出"创建新的数据透视表"对话框，单击"是"按钮。

⑥ 在所有工作表的最前面又插入一个带有数据透视表的工作表 Sheet2，重命名该工作表为"Pivot Data"。

删除之前插入的带数据透视表的Sheet1。

Step 6 设置报表筛选器字段

单击"表 2"，将"订单编号"字段拖入"筛选"区域。

Step 7 设置行字段

勾选"表 1"中字段"购货单位""产品名称""业务人员"前的复选框，将其添加在"行"字段的下方。

Step 8　设置值字段

① 勾选"表 1"中字段"实发数量"复选框，使其添加在"值"字段的下方。

此时，在"数据透视表字段"区会出现"可能需要表之间的关系"选项，可单击"创建"按钮。

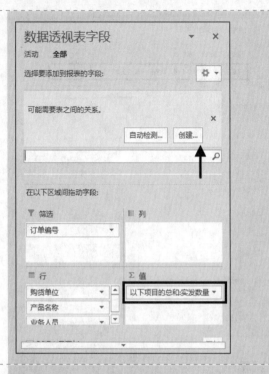

② 在"表"区域选择"数据模型表：表 2"，"列（外来）"选择"订单编号"，"相关表"选择"数据模型表：表 1"，"相关列（主要）"选择"订单编号"，然后单击"确定"按钮。

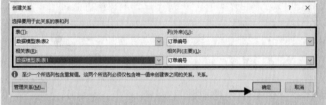

③ 勾选"表 1"中字段"销售金额"复选框，将其添加在"值"字段的下方。

④ 同时，在"列"字段中自动添加"Σ数值"。

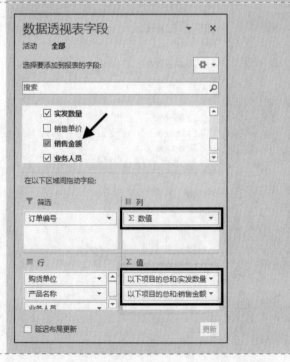

Step 9 修改报表布局

① 在"数据透视表工具—设计"选项卡的"布局"命令组中单击"报表布局"按钮,并在打开的下拉菜单中选择"以表格形式显示"命令。

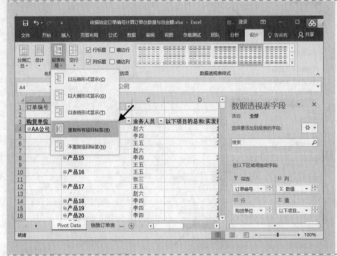

② 再次打开"报表布局"下拉菜单,单击"重复所有项目标签"命令。

修改完成报表布局的效果如图所示。

Step 10 隐藏"+/-"按钮

依次单击"数据透视表工具—分析"选项卡→"显示"→"+/-按钮"按钮,取消"+/-"的显示。

Step 11 修改数据字段

① 选中 D3 单元格,依次单击"数据透视表工具—分析"选项卡→"活动字段"组中的"字段设置"按钮。

② 弹出"值字段设置"对话框,在"自定义名称"右侧的文本框中删除文本"以下项目的总和:",其他设置保持默认,单击"确定"按钮。

③ 单击 E3 单元格,在编辑栏中删除文本"以下项目的总和:"。

修改后的结果如图所示。

技巧　显示/隐藏命令组

　　数据透视表中包含多个元素，为了简洁显示数据，用户可以将这些元素隐藏。方法是切换到"数据透视表工具—分析"选项卡，默认情况下，"显示"命令组中的 3 个按钮都处于按下状态，单击"字段列表"按钮，可以隐藏"字段列表"任务窗格；单击"+/-按钮"按钮，可以隐藏行标签字段左侧的按钮；单击"字段标题"按钮，可以隐藏"行标签"和"值"单元格中的字段标题。

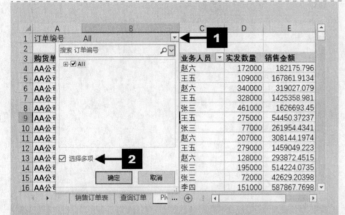

Step 12　选择字段

① 单击 B1 单元格右侧的下箭头按钮，在弹出的列表中勾选"选择多项"复选框。

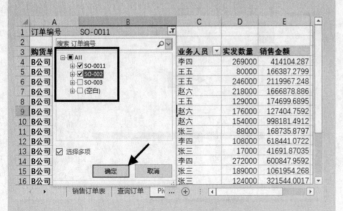

② 勾选各项前面的复选框即可显示该项的相关信息。

单击"确定"按钮。

数据透视表具有快速筛选数据的功能。单击"行标签"单元格右侧的下箭头按钮 ▼，打开"选中字段"下拉菜单后，在顶部的下拉列表框中选择要筛选的字段，然后在最下方的列表框中选择要过滤的字段值，最后单击"确定"按钮即可。

如果需要筛选多项，勾选"选择多项"复选框，再勾选需要筛选的多个项目即可。

Step 13 设置数字格式

① 双击 E3 单元格，打开"值字段设置"对话框，单击左下角的"数字格式"按钮。

② 在弹出的"设置单元格格式"对话框中，在分类列表中选择"数值"项，设置"小数位数"为 2，其他保持默认，单击"确定"按钮，返回"值字段设置"对话框。再次单击"确定"按钮，完成数字格式的设置。

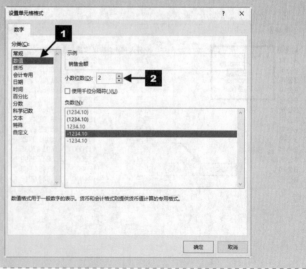

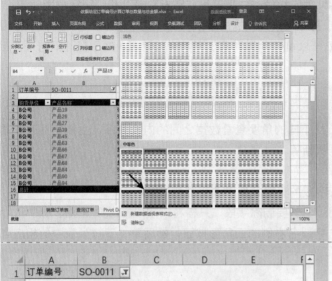

Step 14 设置数据透视表样式

在"数据透视表工具—设计"选项卡中，单击"数据透视表样式"命令组中右下角的"其他"按钮 ，在弹出的样式列表中选择"中等色"组中的"浅蓝，数据透视表样式中等深浅16"。

Step 15 其他设置

① 设置字体和字号。

② 调整列宽。

③ 取消网格线的显示。

本图示中统计了"SO-0011"订单的实发总数量和销售总金额。

扩展知识点讲解

1. 设置数据透视表中数据的关系

数据透视表中几个区域的设定方法如下。

（1）"筛选"将作为分类显示（筛选）依据的字段，从"数据透视表字段列表"中将相关字段拖至此处。可以将一个或多个字段拖至此处，此区域中的字段是分类筛选的首要条件。

例如，本案例中将"订单编号"字段拖至此处，然后在其中选择"SO-0011"，那么在其下方表格中就只统计与"SO-0011"有关的信息。

（2）"行"（相当于"左端标题行"）将作为横向分类依据的字段，从"数据透视表字段列表"中拖至此处。

（3）"列"（相当于"顶端标题行"）将作为纵向分类依据的字段，从"数据透视表"工具栏中将相关字段拖至此处。拖至此处的字段是计数的"依据"。

例如，本案例中将"∑"自动添加此处，统计的依据就是"实发数量"和"销售金额"。

（4）"值"（相当于"普通数据区"）将作为统计依据的字段，从"数据透视表"工具栏中将相关字段拖至此处。对拖入该区中的字段，Excel 将用某种算法对其进行计算，然后将计算结果（汇总数值）显示出来。

2. 透视分析数据

可以改变透视表内部的透视关系，从不同的角度查看数据之间的内在关系，主要包括改变透视关系、改变字段的汇总方式以及数据更新等。

（1）改变透视关系。

更改各区域中的放置字段，或改变字段的分组条件以改变透视关系。

添加字段的方法在案例中已经介绍过，若要删除字段，只需将该字段拖出数据表区域即可。

改变字段分组条件的方法是：单击字段名右侧的三角形按钮，然后单击下拉列表中的相应条件即可。

（2）改变字段的汇总方式。

在默认状态下，Excel 数据透视表对数据区域中的数值字段使用求和方式汇总，对非数值字段则使用计数方式汇总。

事实上，除了"求和"和"计数"以外，数据透视表还提供了其他多种汇总方式，包括"平均值""最大值""最小值"和"乘积"等。

如果要设置汇总方式，可在数据透视表数据区域中相应字段的单元格单击鼠标右键，在弹出的快捷菜单中单击"值字段设置"。在弹出的"值字段设置"对话框中选择要采用的汇总方式，最后单击"确定"按钮完成设置。

（3）透视表的更新。

原工作表中的数据更改后，透视表做相应更新的方法如下。

① 手动刷新数据透视表。

如果数据透视表的数据源内容发生了变化，用户需要手动刷新数据透视表，使表中的数据得到及时更新。在"数据透视表工具—分析"选项卡的"数据"命令组中单击"刷新"按钮即可。

要刷新工作簿中包含的多个数据透视表，可以单击任意一个数据透视表中的任意单元格，在"数据透视表工具—分析"选项卡的"数据"命令组中单击"刷新"按钮，在弹出的下拉菜单中选择"全部刷新"命令，如下图所示。

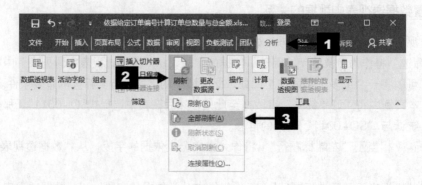

提示：普通数据更改后，单击"刷新"按钮即可完成更新。若更改了数据透视表中的字段名，则该字段将从数据透视表中删除，此时需要重新添加。

② 打开文件时刷新。

用户还可以设置数据透视表的自动更新。设置数据透视表在打开时自动刷新的方法如下。

Step 1 选择"数据透视表选项"命令

在数据透视表的任意一个区域单击鼠标右键，在弹出的快捷菜单中选择"数据透视表选项"命令。

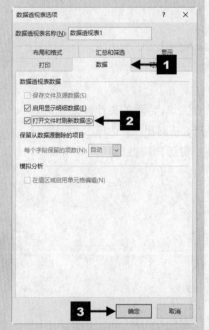

Step 2 自动更新

在"数据透视表选项"对话框中单击"数据"选项卡，勾选"打开文件时刷新数据"复选框，最后单击"确定"按钮，关闭对话框，完成设置。

如此设置后，每当用户打开数据透视表所在的工作簿时，数据透视表都会自动刷新工作簿所有的数据。

第 **3** 章　生产计划

Excel 2016 高效办公

　　生产计划是生产管理中的核心工作,合理的生产计划既可以保证客户的订单产品顺利完成生产,按时出货,达成公司对客户的承诺;又能够合理调动公司各项资源,降低消耗,节约成本,实现公司利益最大化。

案例背景

某公司在制订工作计划时，结合各季度生产量的增长率或某季度的生产量来平衡确定年度总计划。本案例要达到的目标如下。

① 根据首季度的生产量及各季度增长率，求出全年生产计划总量。

② 结合生产实际，提高全年生产总量后，倒推出各季度实际生产量。

关键技术点

要实现本例中的功能，读者应当掌握以下 Excel 技术点。

● 单变量求解

● 简单公式的应用

最终效果展示

DC公司DXI产线全年生产计划分析

增长率	20%
一季度	600.00
二季度	720.00
三季度	864.00
四季度	1,036.80
全年总数	3,220.80

根据增长率得出全年总产量

DC公司DXI产线全年生产计划分析

增长率	20%
一季度	652.01
二季度	782.41
三季度	938.90
四季度	1,126.68
全年总数	3,500.00

根据年总量倒推出各季产量

示例文件

\示例文件\第 3 章\单变量求解分析全年生产计划.xlsx

3.1 单变量求解分析全年生产计划

单变量求解

为了完成本案例的功能，首先需要根据季度增长率得出全年生产计划，所以我们先创建全年生产计划表，根据初步要求得出年度生产总量。

3.1.1　简单的年度生产计划分析

Step 1　创建工作簿并命名

创建工作簿并将其命名保存为"单变量求解分析全年生产计划"。

完成相关文本的输入。

Step 2　设置数字格式

选中目标单元格区域，如 C3:C7，然后在"开始"选项卡中的"数字"命令组中，单击"增加小数位数"按钮 两次，使小数点后的位数显示为两位。

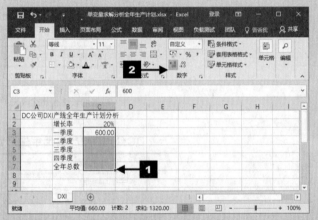

Step 3　求第二季度的生产量

在 C4 单元格中输入以下公式。

`=C3*(1+$C$2)`

按<Enter>键确认。

Step 4　复制公式

拖动 C4 单元格右下角的填充柄，向下复制填充公式至 C6 单元格，完成各季度的生产量计算。

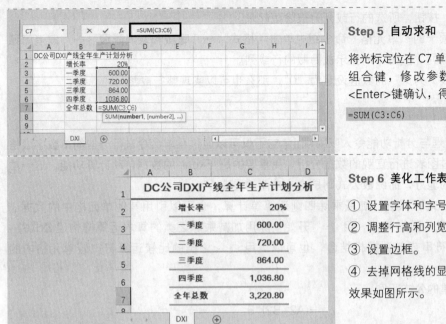

Step 5 自动求和

将光标定位在 C7 单元格中，按<Alt+=>组合键，修改参数为"C3:C6"，按<Enter>键确认，得出全年生产总数。

=SUM(C3:C6)

Step 6 美化工作表

① 设置字体和字号。

② 调整行高和列宽。

③ 设置边框。

④ 去掉网格线的显示。

效果如图所示。

<h2 style="text-align:center">关键知识点讲解</h2>

1. 调整行高、列宽

如果单元格内的字符数过多，列宽不够，部分内容就显示不出来；或者行高不合适，也会影响显示效果。此时可以通过调整行高和列宽来达到要求。

（1）鼠标拖动设置行高、列宽。

将鼠标指针移到行标间（列标间）。当指针变成 ✚（✚）形状时，按住鼠标左键不放，上下（左右）拖动鼠标，设置所需的行高（列宽）。这时会自动显示高度（宽度）值，调整到合适的行高（列宽）后松开鼠标即可。

如果要更改多行（列）的高度（宽度），先选定要更改的所有行（列），然后拖动其中的一个行号间距（或列标间距）即可。如果要更改工作表中所有行（列）的高度（宽度），可以在第一行和第一列的行列交叉处单击，全选整个工作表，然后拖动任何一列的下（右）边界即可。

注意：在行、列边框线上双击，即可将行高、列宽自动调整到与单元格的内容相适应的程度。

（2）用菜单精确设置行高、列宽。

选定所需调整的区域后，在"开始"选项卡的"单元格"命令组中单击"格式"→"行高"或者"列宽"按钮，然后在弹出的"行高"或"列宽"对话框上设定行高或列宽的精确值。

（3）自动设置行高、列宽。

选定需要设置的行或列，在"开始"选项卡的"单元格"命令组中单击"格式"→"自动调整行高"或者"自动调整列宽"按钮，系统会自动调整行高或列宽到最佳程度。

2. 隐藏行或列

如果在"开始"选项卡的"单元格"命令组中单击"格式"→"隐藏和取消隐藏"→"隐藏

行"或者"隐藏列"按钮，所选的行或列将被隐藏起来。

在"开始"选项卡的"单元格"命令组中单击"格式"→"隐藏和取消隐藏"→"取消隐藏行"或者"取消隐藏列"按钮，则显示被隐藏的行或列。

若将"行高"或"列宽"的数值设定为"0"，那么也可以实现整行或整列的隐藏。

3. 认识公式

Excel 的数据管理与分析功能令人叹为观止。它不仅可以通过菜单命令进行一些简单数字表格的创建，也可以通过图表进行直观的数据分析。更重要的是 Excel 的数据自动计算功能，这一功能也是它最有魅力的地方，而函数公式则是这一功能的灵魂。

在 Excel 中，公式可以进行加减乘除四则运算等计算，也可以引用其他单元格中的数据。公式即是计算工作表的数据等式，用"="开始。除用加减乘除之类的算术运算符构建公式外，还可以使用文本字符串或与数据相结合，也可以运用>、<之类的比较运算符比较单元格内的数据。

以下是一个简单的公式实例。

$$=(A2+B2)*5$$

构成公式的元素通常包括等号、常量、引用和运算符等。其中，等号是不可或缺的。在实际的应用中，公式还可以使用数组、Excel 函数或名称（命名公式）来进行运算。

输入公式时，通常以等号"="作为开始，否则 Excel 会将其识别为文本。

Excel 的工作表函数通常被简称为 Excel 函数，它是由 Excel 内部预先定义并按照特定的顺序、结构来执行计算、分析等数据处理任务的功能模块。因此，Excel 函数也被称为"特殊公式"。

Excel 函数通常是由函数名称、左括号、参数、半角逗号和右括号构成。函数可以包含一个或多个参数（如 VLOOKUP 函数包含 4 个参数，且第四参数是可选的），也可以没有任何参数（如 RAND 函数仅由函数名和成对的括号构成），多个参数之间使用","进行隔离。

函数的参数可以由数值、日期和文本等元素组成，也可以使用常量、数组、单元格引用或其他函数的计算结果。

当函数的参数也是函数时，Excel 称之为函数的嵌套。

常量，是指在运算的过程中自身不会改变的值。

常用的常量数据有以下几种。

● 数值，如=A1*10
● 日期，如=("2010-7-15"-"2010-2-18")
● 文本，如=MID("1234567890",5,5)
● 逻辑值，如 FALSE,TRUE
● 错误值，如#N/A
● 公式的错误值及审核

在使用 Excel 公式进行计算时，可能会因为某种原因无法得到正确结果，而返回一个错误值，理解公式的错误值有助于审查公式的错误。函数公式常见的错误值及其含义如下表所示。

错误值类型	解释
#DIV/0!	公式试图除以 0（零）。当公式试图除以值为空的单元格时，也会出现此类错误
#NAME?	公式中使用了 Excel 不能识别的名称。如果删除了公式中用到的某个名称，或在使用文本时引号不配对，都会出现此类错误

续表

错误值类型	解释
#N/A	公式在直接或间接地引用不可用的数值时，出现错误。在查找函数进行匹配时没有找到对应的数据也会返回这种错误
#NULL!	公式使用了并不相交的两个单元格区域的交叉运算，如 SUM(B2:C4 C5:C7)，表示计算两个参数的重叠部分。由于 B2:C4 和 C5:C7 没有重叠，因此返回#NULL!
#NUM!	公式或函数中使用无效数字值时，出现错误，如 DATE(10000,1,1)就返回#NUM!,因为 Excel 的日期最大为 9999-12-31
#REF!	公式引用了无效的单元格。如果已经从工作表中删除了该单元格，则也会出现此类错误
#VALUE!	类型不匹配。比如在需要数值型操作数时使用了文本，如公式="text"*1 就会返回#VALUE!错误；数组公式需要按<Ctrl+Shift+Enter>组合键输入时却以普通方式输入，也会报#VALUE!错误
####	单元格显示一系列#号的原因有两个：该列的宽度不足以显示该结果；公式返回一个负的日期或时间值

如果公式具有嵌套结构，即函数的参数由另一个函数或表达式充当，那么公式在计算时会先计算参数部分的公式；如果参数部分中依然包含嵌套，那么 Excel 依然是先执行更深层次的公式。

可见，Excel 出现的错误很可能是在嵌套结构的深层参数部分，错误一层一层往上传递，最终作为错误值返回到单元格中。因此，在定位公式错误的时候需要先排查外层函数的参数，定位返回错误值的参数部分；如果该参数部分依然包含嵌套结构，那么再排查这个层次的错误；以此类推，层层剥离，最终找到错误根源。

● 移动和复制公式

如果需要移动公式到其他单元格，可以借助单元格的"剪切"和"粘贴"功能来实现。

如果希望在连续的区域中使用相同算法的公式，可以通过"双击"或"拖动"单元格右下角的填充柄进行公式的复制；如果公式所在单元格区域并不连续，还可以借助"复制"和"粘贴"功能来实现公式的复制。

3.1.2 根据全年总量倒推各季产量

上一小节根据首季度生产量及季度增长率，完成了全年生产总量的计算。本节要完成的目标是：全年的生产总量提高到 3500，每季度 20%的增长率保持不变，则每季度的实际产量是多少？解决这一问题的具体操作步骤如下。

Step

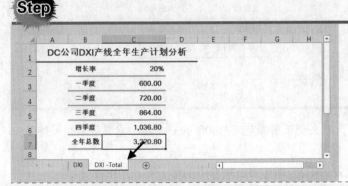

Step 1 复制工作表

打开"单变量求解全年生产计划"工作簿，按住<Ctrl>键，选中"DXI"工作表标签并向右拖动，可复制一个工作表，修改其名称为"DXI –Total"。

Step 2 打开"单变量求解"

选中 C7 单元格，依次单击"数据"→"预测"命令组中的"模拟分析"按钮，在弹出的下拉菜单中选择"单变量求解"命令。

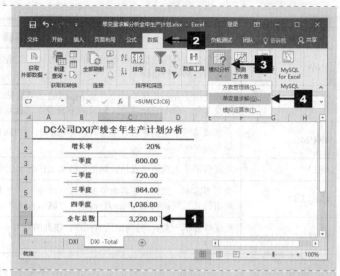

Step 3 设置求解条件

在"单变量求解"对话框的"目标值"编辑框中输入目标值"3500"，将"可变单元格"设置为 C3 单元格，然后单击"确定"按钮。

Step 4 求得一解

弹出"单变量求解状态"对话框，说明已找到一个解，单击"确定"按钮即可保留求解的值。

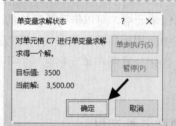

Step 5 完成求解

弹出"单变量求解状态"对话框的同时，工作表中的 C3:C6 单元格区域中的值会发生变化。

短短两步就得出了保证全年 3500 生产总量，且每季度增长率保持在 20% 不变的情况下，每季度必须完成的产量。

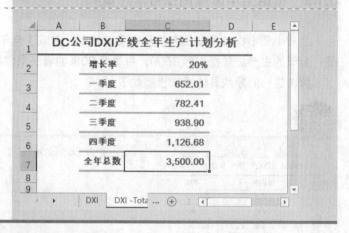

由于一季度只能完成 600 的产量，那么全年需要完成 3500 的总产量，需要每季度保持多少的增长率才能达成生产目标呢？

只需在 Step 3 中把可变单元格设置为 C2，即可得出每季度的增长率，如下图所示。

最终求解结果如下图所示。可以看出，如果全年需要完成 3500 的总产量而一季度只能完成 600 的产量，则需要保持每季度的增长率为 26%。

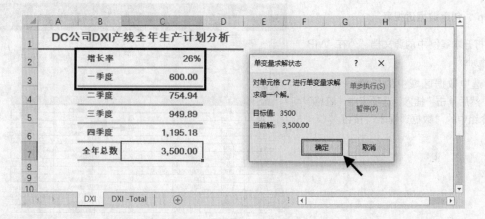

3.2　外在 WIP 统计

案例背景

计划员根据生产需求制订生产计划，每隔固定时段会汇总统计各车间或负责人的工单完成情况。本例要实现的目标是对外在 WIP 进行统计汇总，以便于管理者监督生产计划的完成情况。

关键技术点

要实现本例中的功能，读者应当掌握以下 Excel 技术点。

- 数据透视表的应用
- 数据透视表的项目组合

最终效果展示

车间	9月	10月	11月	总计
一车间	3	2	14	19
二车间		5	49	54
三车间			70	70
四车间			112	112
五车间			83	83
总计	3	7	328	338

未完成订单情况统计

示例文件

\示例文件\第 3 章\外在 WIP 统计.xlsx

在本案例的未完成工单清单中,需要根据月份统计每个车间的未完成工单的份数。

Step 1 创建数据透视表

① 打开本案例中的源文档"外在 WIP 统计.xlsx"。

② 选中数据区域中的任意一个单元格,然后单击"插入"选项卡中"表格"命令组中的"数据透视表"按钮。

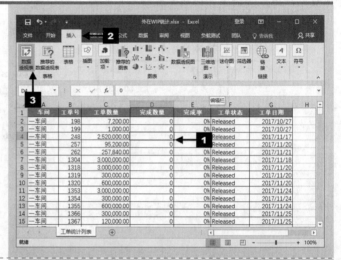

③ 在弹出的"创建数据透视表"对话框中保持所有默认设置,单击"确定"按钮。

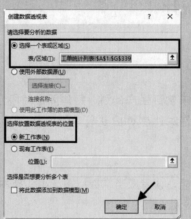

④ 此时,Excel 将在新工作表中创建一个空白的数据透视表,并在右侧出现"数据透视表字段"窗格。

Step 2 设置行字段

在数据透视表字段列表中选中"车间"字段，将其拖至"行"区域，松开鼠标，"车间"字段就被添加到了"行"区域。

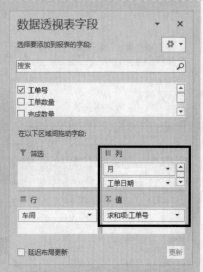

Step 3 设置列字段和值字段

用同样的方法把"工单号"字段拖入"值"区域，把"工单日期"字段拖入"列"区域。此时 Excel 会自动对日期进行分组。

Step 4 删除字段

取消勾选"工单日期"字段复选框，即可从"列"区域取消"工单日期"中具体日期字段的显示。

Step 5 修改值字段汇总方式

在 B5 单元格上单击鼠标右键，在弹出的快捷菜单中选择"值汇总依据"，在弹出的菜单中选择"计数"命令。将值的汇总方式由"求和"改为"计数"。

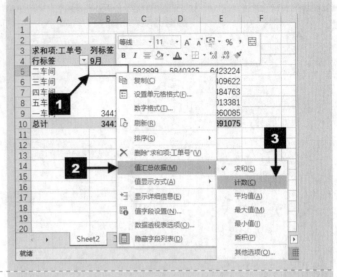

完成的数据透视表如图所示。

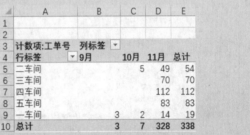

Step 6 字段项排序

在 A9 单元格上单击鼠标右键，在弹出的快捷菜单中选择"移动"命令，在弹出的菜单中选择"将'一车间'移至开头"命令。

可以看到，"一车间"由 A9 单元格移至 A5 单元格，这样更符合我们的排序和阅读习惯。

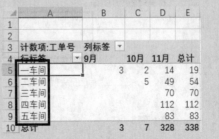

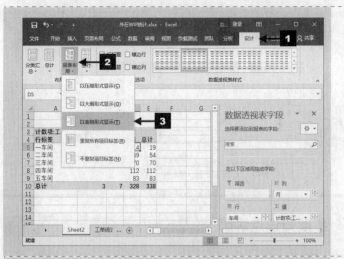

Step 7 修改报表布局

将光标定位在透视表中的任意单元格，依次单击"数据透视表工具—设计"选项卡→"布局"组中的"报表布局"按钮，在弹出的菜单中选择"以表格形式显示"命令。

效果如图所示。

Step 8 隐藏行

选中第 3 行，单击鼠标右键，在弹出的快捷菜单中选择"隐藏"命令。

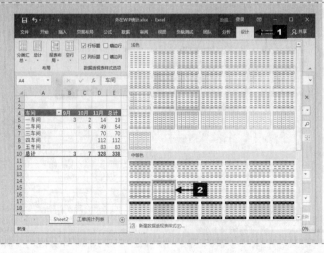

Step 9 设置数据透视表样式

依次单击"数据透视表工具—设计"选项卡→"数据透视表样式"右侧的下拉箭头，在弹出的列表中选择"浅蓝，数据透视表样式中等深浅 9"。

Step 10 其他设置

① 设置字号和字体。

② 调整列宽。

③ 取消网格线的显示。

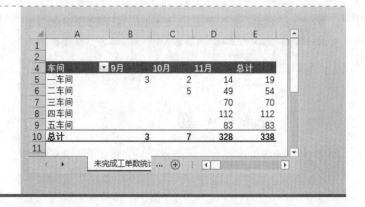

扩展知识点讲解

数据透视表中的项目组合

虽然数据透视表提供了强大的分类汇总功能，但由于数据分析需求的多样性，数据透视表的常见分类方式不能应对所有的应用场景。因此，数据透视表提供了另一项非常有用的功能，即项目组合。

1. 日期或时间项组合

对于日期型数据，数据透视表提供了更多的组合选项，可以按秒、分、小时、日、月、季度、年等多种单位进行组合。

默认情况下，当把日期字段添加到数据透视表区域时，Excel 2016 会自动创建组合，如本案例中按"月"进行了组合。

如果用户不希望使用默认的日期结合，可更改相关设置，操作步骤如下。

Step 1 设置分组选项

① 单击"文件"选项卡，在打开的"文件功能区中单击"选项"命令。

② 在打开的"Excel 选项"对话框中，切换到"高级"选项卡，勾选"在自动透视表中禁用日期/时间列自动分组"复选框，单击"确定"按钮。

Step 2 创建数据透视表

按案例中的 Step 1 进行操作,得到的数据透视表日期字段将显示出明细数据,如图所示。

Step 3 按"年月季度"进行分组

① 将光标定位在日期字段的任意单元格,如 B4 单元格,单击"数据透视表工具—分析"选项卡"组合"组中的"分组字段"按钮。

② 弹出"组合"对话框,在"步长"区域中单击需要设置的组合项,被选中的会以高亮显示,再次单击会取消选择。这里选择"年月季度"组合。

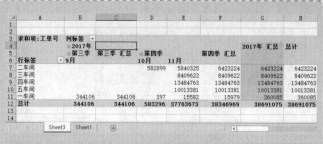

按"年月季度"组合的效果如图所示。

2. 组合数据透视表的指定项

如果用户希望在本案例中，将"一车间、二车间、三车间"的订单情况组合在一起，并称为"南方区"，操作如下。

Step 1 创建组合"南方组"

① 在数据透视表中选中"一车间""二车间""三车间"行字段项，即 A5、A6、A7 单元格。

② 在"数据透视表工具—分析"选项卡的"组合"组中单击"分组选择"按钮。

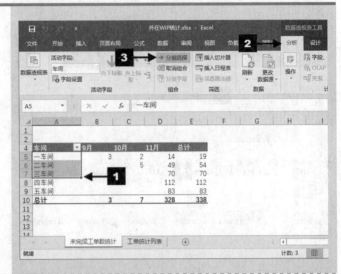

③ Excel 创建了新的字段标题，自动命名为"车间2"，并将选中的项组合到新的"数据组1"的项中。

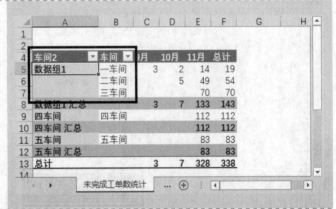

④ 单击"数据组1"单元格，输入新的名称"南方组"。

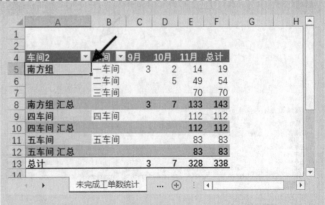

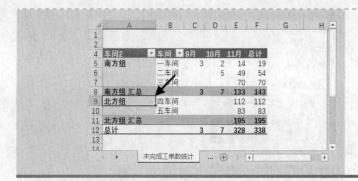

Step 2 创建组合"北方组"

用同样的方法，将"四车间""五车间"组合创建"北方组"。

3. 数字项组合

对于数据透视表中的数值型字段，Excel 提供了自动组合功能，使用这一功能可以更方便地对数据进行分析。

如下图所示，需要将"季度"字段的每两个季度创建为一组，步骤如下。

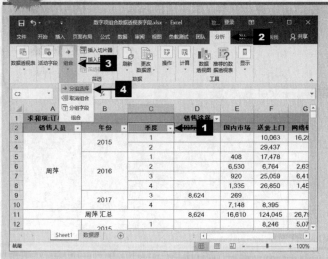

Step 1 分组选择

单击数据透视表中的"季度"字段，依次单击"数据透视表工具—分析"→"组合"→"分组选择"按钮。

Step 2 设置步长

弹出"组合"对话框，在"步长"文本框中输入"2"，其他保持默认设置，单击"确定"按钮。

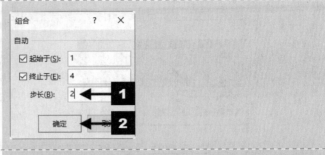

完成后的效果如图所示。

	A	B	C	D	E	F
1	求和项:订单金额			销售途径		
2	销售人员	年份	季度	国际业务	国内市场	送货上
3		2015	1-2			39,50
4		2016	1-2		6,938	24,24
5	周萍		3-4		2,255	51,90
6		2017	3-4	8,624	7,417	8,39
7	周萍 汇总			8,624	16,610	124,0
8		2015	1-2			12,10
9	苏珊	2016	1-2		831	18,47
10			3-4		2,762	16,07
11		2017	3-4	8,795	642	4,79
12	苏珊 汇总			8,795	4,235	51,45

4. 取消项目组合

如果用户不再需要已经创建好的某个组合，可以在这个组合上单击鼠标右键，在弹出的快捷菜单中选择"取消组合"命令，即可删除组合，将字段恢复到组合前的状态。

3.3 编制产品生产完成情况可视表

案例背景

产品生产进度可视表，可以使管理层及时有效地掌握各种产品生产时各工序的完成情况，以便更加有效地对整个生产过程进行调整。本案例讲解编制产品生产完成情况可视表的方法。

关键技术点

要实现本例中的功能，读者应当掌握以下 Excel 技术点。

- 数字格式的设置
- 条件格式
- COUNTA 函数
- IF 函数的应用

编制可视表

最终效果展示

产品	工序1	工序2	工序3	工序4	工序5	完成情况
A1	√		√			🔵 进行中
A2		√				🔵 进行中
A3	√	√	√	√	√	✅ 已完成
A4	√	√	√	√	√	✅ 已完成
A5	√	√	√			🔵 进行中
A6						❌ 未开始
A7	√	√	√			🔵 进行中
A8	√					🔵 进行中
A9						❌ 未开始
A10						❌ 未开始

未完成订单情况统计

示例文件

\示例文件\第 3 章\产品生产完成情况可视表.xlsx

编制产品生产完成情况可视表的操作步骤如下。

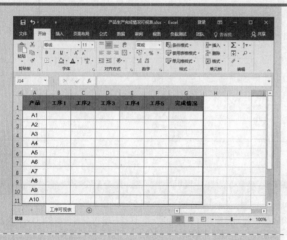

Step 1 打开目标文档

打开"产品生产完成情况可视表"工作簿,"工序可视表"工作表的 A 列是所有产品名称,B1:F1 单元格区域是产品生产需要的工序。

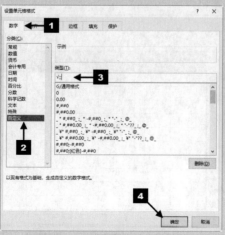

Step 2 设置数字格式

选中 B2:F11 单元格区域,按<Ctrl+1>组合键,打开"设置单元格格式"对话框,选择"数字"选项卡中的"自定义"选项,在"类型"中输入以下代码。

√;;

单击"确定"按钮完成设置。

Step 3 输入完成的工序

在单元格中输入大于 0 的数字，即可显示为 "√"，说明该工序已经完成。

Step 4 编制公式，计算未完成情况

选中 G2 单元格，输入以下公式，按 <Enter>键确认。

`=IF(COUNTA(B2:F2)=5,1,IF(COUNTA(B2:F2) =0,-1,0))`

活力 小贴士

技巧 展开编辑栏

　　当在编辑栏中需要输入的公式太长时，编辑栏往往无法在一行中完全显示，这样在输入或者修改的时候不太方便。此时可以点击编辑栏最右侧的 "展开编辑栏" 按钮 ✔，或者单击编辑栏右侧的上、下箭头按钮查看公式。

Step 5 向下自动填充公式

① 选中 G2 单元格，将鼠标指针移动到 G2 单元格的右下角。

② 当指针变为 + 形状时，按住鼠标左键不放并向下方拖曳，到达 G11 单元格后再松开左键，释放填充柄，这样就完成了公式的复制。

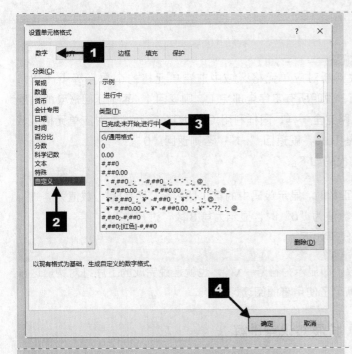

Step 6 设置数字格式

选中 G2:G11 单元格区域，按<Ctrl+1>
组合键，打开"设置单元格格式"对话
框，选择"数字"选项卡中的"自定义"
选项，在"类型"中输入以下代码。

已完成;未开始;进行中

单击"确定"按钮完成设置。

Step 7 设置条件格式

选中 G2:G11 单元格区域，选择"开始"
选项卡中的"样式"组中的"条件格式"
命令，在弹出的下拉列表中单击"图标
集"，在弹出的下拉列表中选择"标记"
中的第一个样式"三个符号(有圆圈)"。

至此，可视表制作完成。

	A	B	C	D	E	F	G
1	产品	工序1	工序2	工序3	工序4	工序5	完成情况
2	A1	√		√			ⓘ进行中
3	A2		√				ⓘ进行中
4	A3	√	√	√	√	√	✔已完成
5	A4	√	√	√	√	√	✔已完成
6	A5	√	√				ⓘ进行中
7	A6						✖未开始
8	A7	√	√	√			ⓘ进行中
9	A8	√					ⓘ进行中
10	A9						✖未开始
11	A10						✖未开始

■ **本例公式说明**

本例中用到了如下公式。

```
=IF(COUNTA(B2:F2)=5,1,IF(COUNTA(B2:F2)=0,-1,0))
```

本公式首先利用 COUNTA 函数判断对应单元格区域中非空单元格的个数，等于 5 时，"COUNTA(B2:F2)=5"为真，即 TRUE，说明所有工序全部完工，则返回 1；否则返回嵌套的内层公式 IF(COUNTA(B2:F2)=0,-1,0)。思路完全一样，同样利用 COUNTA 函数判断对应单元格区域中非空单元格的个数，等于 0 时，则是 True，就返回"-1"；否则返回"0"。

G2:G11 单元格区域中单元格格式代码如下。

已完成;未开始;进行中

其作用是：单元格的数值为 1，即正数时，显示代码中的第 1 段内容"已完成"；数值为"-1"，即负数时，显示为第 2 段"未开始"；数值为"0"时，显示为第 3 段"进行中"。

B2:F11 单元格区域中单元格格式代码如下。

√;;

其作用是：单元格中只要输入正数，即显示为符号"√"，也就是说完成的工序打对钩。这样既避免了输入符号"√"的麻烦，又满足了使用者的阅读习惯。

扩展知识点讲解

1. 条件格式

条件格式是 Excel 提供的一种功能强大的可视化数据处理功能，可以快速对特定单元格进行必要的标识，使数据更加直观可读，表现力大为增强。

Excel 的条件格式功能提供了"数据条""色阶"和"图标集"3 种内置的单元格图形效果样式。本案例就使用了图标集条件格式。

除了提供各式条件的格式样式外，Excel 还内置了多种基于特征值设置的条件格式。例如，可以按大于、小于、日期、文本、重复值等特征突出显示单元格，也可以按大于或小于前 10 项或 10%、高于或低于平均值等要求突出显示单元格。具体说明见下表。

显示规则	说明
小于	为大于设定值的单元格设置指定的单元格格式
小于	为小于设定值的单元格设置指定的单元格格式
介于	为介于设定值之间的单元格设置指定的单元格格式
等于	为等于设定值的单元格设置指定的单元格格式
文本包含	为包含设定文本的单元格设置指定的单元格格式
发生日期	为包含设定发生日期的单元格设置指定的单元格格式
重复值	为重复值或唯一值的单元格设置指定的单元格格式

Excel 还内置了 6 种"项目选取规则"，包括"值最大的 10 项""值最大的 10% 项""值最小的 10 值""值最小的 10% 项""高于平均值""低于平均值"等。

用户甚至还可以通过自定义规则和显示效果的方式来创建满足自己需要的条件格式。

（1）使用公式自定义条件格式。

根据下图所示的产品原料需要量，将需要量最高的产品标示出来。

	A	B	C	D	E
1	产品	原料1	原料2	原料3	总量
2	A	85	64	83	232
3	B	95	73	88	256
4	C	98	78	61	237
5	D	70	90	97	257
6	E	80	68	68	216
7	F	70	73	71	214
8	G	78	64	77	219

具体操作步骤如下。

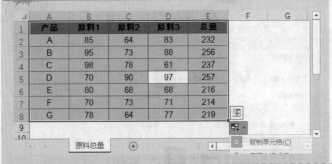

Step 1 选中目标区域

将光标定位在数据区域的任意一个单元格,然后按<Ctrl+A>组合键,选中整个数据区域。

Step 2 新建规则

在"开始"选项卡的"样式"命令组中单击"条件格式"按钮,在展开的下拉菜单中选择"新建规则"命令。

Step 3 新建格式规则

在"新建格式规则"对话框的"选择规则类型"列表框中选择"使用公式确定要设置格式的单元格"。

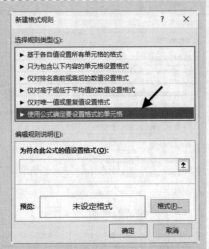

Step 4 编写格式公式

在"编辑规则说明"组合框的"为符合
此公式的值设置格式"编辑框中输入如
下条件公式。

=$E2=MAX($E$2:$E$8)

然后单击"格式"按钮。

Step 5 设置格式

在打开的"设置单元格格式"对话框中
单击"填充"选项卡,选择合适的背景
色,如"浅绿色",然后单击"确定"
按钮。

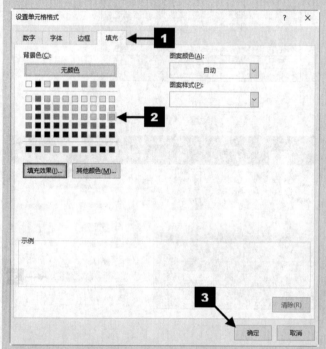

Step 6 完成设置

返回"新建格式规则"对话框,单击"确
定"按钮,完成条件格式设置。

最终效果如图所示。

（2）自定义条件格式样式。

如果 Excel 内置的条件格式不能满足用户需求，用户可以通过"新建规则"功能，使用多种条件格式组合的方法自定义条件格式。

	A	B	C	D
1	产品	原料1	原料2	原料3
2	A	85	64	83
3	B	95	73	88
4	C	98	78	61
5	D	70	90	97
6	E	80	68	68
7	F	70	73	71
8	G	78	64	77

如果需要在上图中原料用量高于 90 的产品前添加"小红旗"来突出显示，可按如下步骤操作。

Step

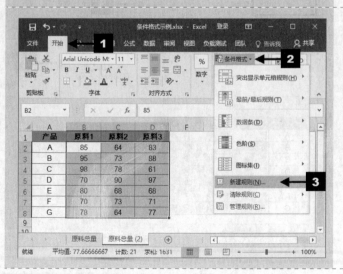

Step 1 选中目标区域

选中需要设置条件格式的 B2:D8 单元格区域。

Step 2 新建规则

在"开始"选项卡的"样式"命令组中单击"条件格式"按钮，在展开的下拉菜单中选择"新建规则"命令。

Step 3 新建格式规则

① 在 "新建格式规则" 对话框的 "选择规则类型" 列表框中选择 "基于各自值设置所有单元格的格式" 命令, 在 "格式样式" 下拉列表中选择 "图标集" 格式样式, 在 "图标样式" 下拉列表中选择三色旗。

② 单击 "反转图标次序" 按钮, 使红色旗子排列在三色旗的首位, 在第一项红色小旗对应选项的 "类型" 下拉列表中选择 "数字", 在 "值" 编辑框中输入 "90", 运算符默认为 ">=", 最后单击 "确定" 按钮。

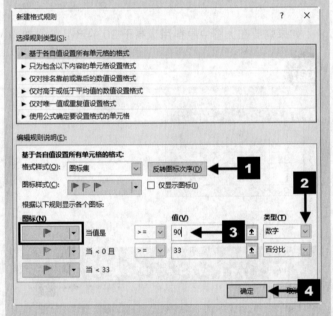

此时, 小于等于 90 的用量也用黄色、绿色小旗标示出来, 这并不是最终结果。

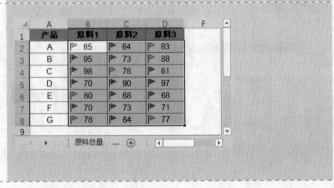

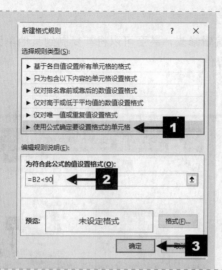

Step 4 新建格式规则

依次单击"条件格式"→"新建规则"，打开"新建格式规则"对话框，在"选择规则类型"列表框中选择"使用公式确定要设置格式的单元格"，在"为符合此公式的值设置格式"编辑框中输入如下条件公式。

`=B2<90`

单击"确定"按钮。

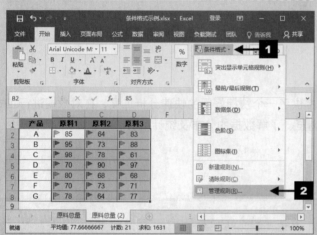

Step 5 管理规则

① 单击"条件格式"按钮，在弹出的下拉菜单中选择"管理规则"命令。

② 在弹出的"条件格式规则管理器"对话框中，勾选第一个条件右侧的"如果为真则停止"复选框，然后单击"确定"按钮，完成自定义条件格式样式的设置。

最终效果如图所示。

（3）条件格式的删除。

对已设置好的条件格式可以进行编辑修改，甚至可以将其复制到其他单元格区域。要删除单元格区域的条件格式，可按以下步骤操作。

选中需要清除条件格式的单元格区域，也可选中任意单元格，依次单击"条件格式"→"清除规则"，展开下拉菜单，如果选择"清除所选单元格的规则"命令，则清除所选单元格的条件格式；如果选择"清除整个工作表的规则"命令，则清除当前工作表中所有单元格区域中的条件格式。

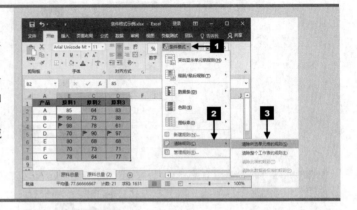

2. 快速分析

从 Excel 2013 版本开始，Excel 就提供了一个快捷好用的快速分析工具，在对数据进行正式分析之前，我们可以利用这个工具快速浏览、了解数据的分布及统计情况。

具体使用方法及步骤如下。

① 选中要分析的数据，此时在区域右下角会出现一个按钮 ，这就是"快速分析"按钮，单击这个按钮就可以弹出一个包含格式化、图表、迷你图等选项卡的窗口。

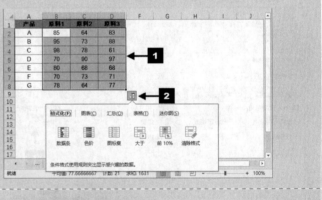

② 单击"格式化"选项卡，将鼠标指针悬停在数据条、色阶、图标集等选项上，就可以看到用线条、颜色、符号来表示的数据分布情况。

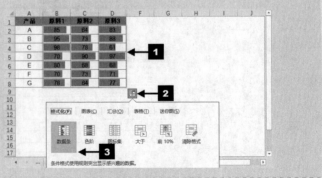

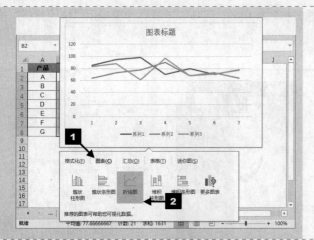

③ 单击 "图表" 选项卡，将鼠标指针悬停在簇状柱状图、折线图等选项上，Excel 就可以给出相应的图片，方便用户快速浏览数据。

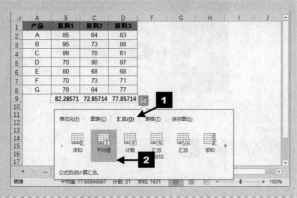

④ 单击 "汇总" 选项卡，将鼠标指针悬停在求和、平均值、计数等选项上，就可以快速浏览数据的统计情况。

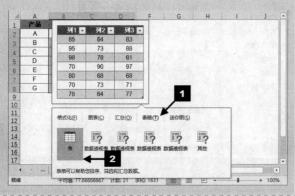

⑤ 单击 "表格" 选项卡，将鼠标指针悬停在表、数据透视表等选项上，可以显示出一个具有排序、筛选功能的表格或简单的数据透视表。

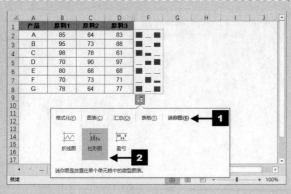

⑥ 单击 "迷你图" 选项卡，可以在数据后添加微型图表，包括折线图、柱形图等，使得观察数据的变化情况更为直接。

如果选中数据区域后不出现"快速分析"按钮 ⬜，可按以下操作步骤启用"快速分析"按钮。

Step

① 依次单击"文件"→"选项"，打开"Excel 选项"对话框。

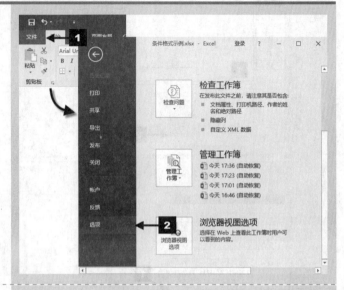

② 在"Excel 选项"对话框中单击"常规"选项卡，在"用户界面选项"区域中勾选"选择时显示快速分析选项"复选框，单击"确定"按钮。

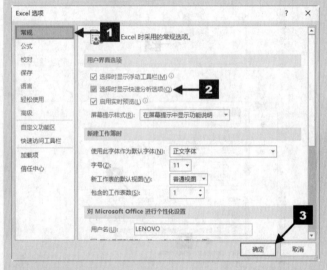

　　此时，选中单元格区域后，在其右下方会出现"快速分析"按钮。

第 **4** 章　物料控制

Excel 2016 高效办公

　　本章主要适用于生产型企业中需要用到的物料混合、反应或制备等过程，主要涉及的 Excel 知识点有函数、数据验证和自定义名称的使用等。

4.1 多种方法去除物料中的重复数据

案例背景

在物控工作中，经常需要将数据去重，比如将不同订单或者客户所需要使用的物料去除重复，然后通过其他进行汇总或是其他的计算。

关键技术点

要实现本例中的功能，读者应掌握如下 Excel 技术点。

● 工作表的复制和移动
● 数据工具的使用
● 高级筛选的应用
● SQL 语句
● 函数的应用：IFERROR 函数、MATCH 函数、INDEX 函数、SMALL 函数

去除重复数据

最终效果展示

成品	原料	用量	开始日期	成品需求数量	原料需求		原料
DC100	XS01	4.8	2010/3/23	1609	7723.2		CAPF
DC100	XT100	48	2010/3/23	1609	77232		CAPS
DC100	CAPF	48	2010/3/23	1609	77232		CARL
DC100	CARS	1	2010/3/23	1609	1609		CARS
DC100	ESA	0.048	2010/3/23	1609	77.232		ESA
DC100	LAX10	50	2010/3/23	1609	80450		LAX10
DC250	XS01	12	2010/3/18	2383	28596		LAX25
DC250	XT250	48	2010/3/18	2383	114384		LAX50
DC250	CAPF	48	2010/3/18	2383	114384		XS01
DC250	CARL	1	2010/3/18	2383	2383		XT100
DC250	ESA	0.12	2010/3/18	2383	285.96		XT250
DC250	LAX25	50	2010/3/18	2383	119150		XT500
DC500	XS01	12	2010/3/10	110	1320		
DC500	XT500	24	2010/3/10	110	2640		
DC500	CAPS	24	2010/3/10	110	2640		
DC500	CARL	1	2010/3/10	110	110		
DC500	ESA	0.12	2010/3/10	110	13.2		
DC500	LAX50	26	2010/3/10	110	2860		

多种方式的物料去重计算

示例文件

\示例文件\第 4 章\多种方式的物料去重计算.xlsx

在 Excel 中，去除数据重复项的方法很多，本案例将介绍常用的几种数据去重方法。
方法一：使用选项卡命令

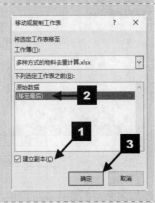

Step 1 打开原始数据并复制工作表

① 打开工作簿"多种方式的物料去重计算",在工作表标签"原始数据"上单击鼠标右键,在弹出的快捷菜单中选择"移动或复制"命令。

② 在弹出的"移动或复制工作表"对话框中勾选"建立副本"复选框,在"下列选定工作表之前"区域中选择"(移至最后)",最后单击"确定"按钮,即在原工作表右侧添加一个新的工作表。

③ 双击新建的工作表标签,将其重命名为"数据工具—删除重复项"。

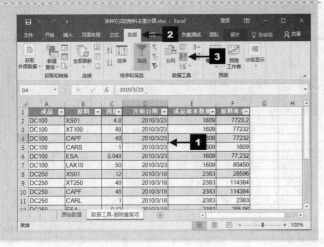

Step 2 使用数据工具

① 选中数据区域中的任意单元格,如 D4 单元格,单击"数据"选项卡中"数据工具"组中的"删除重复值"按钮。

② 在弹出的"删除重复值"对话框中，单击"取消全选"按钮，取消对所有列的选择，然后单击"原料"复选框，其他保持默认设置，单击"确定"按钮。

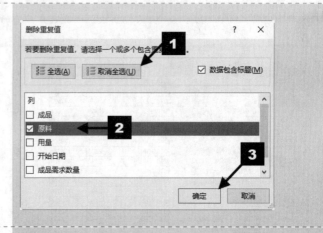

③ 此时，弹出"Microsoft Excel"对话框，说明了重复情况，单击"确定"按钮完成操作。

删除重复项后的数据如图所示。

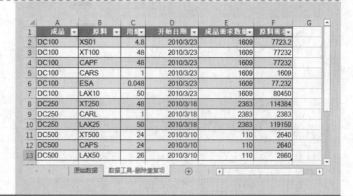

方法二：使用数据透视表

Step 1 创建数据透视表

① 返回"原始数据"工作表，选中数据区域中的任意单元格，依次按 Alt、D、P 键。

② 在弹出的"数据透视表和数据透视图向导—步骤 1（共 3 步）"对话框中保持默认设置，直接单击"下一步"按钮。

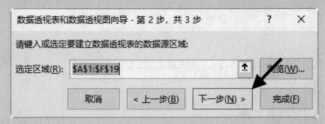

③ 在弹出的"数据透视表和数据透视图向导—第 2 步，共 3 步"对话框中，保持默认设置，直接单击"下一步"按钮。

若默认选中的数据源区域不正确，可重新选择以确定正确的数据源区域。

④ 在弹出的"数据透视表和数据透视图向导—步骤 3（共 3 步）"对话框中，保持默认设置，单击"完成"按钮。

Step 2　创建空白数据透视表

Excel 会自动添加一个新工作表，并创建一个空白的数据透视表。

Step 3 添加去重的项

把需要删除重复项的字段"原料"添加到"行"区域。

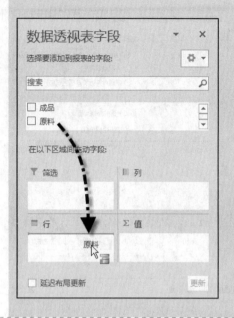

如图所示,"原料"中的重复项已被去除。

Step 4 修改工作表名称并移动位置

将工作表"Sheet5"重命名为"数据透视表去重",并移至最左侧。

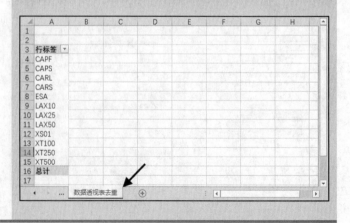

方法三：使用高级筛选

Step 1 添加新工作表并命名

切换到"原始数据"工作表，重复复制工作表操作，复制一个新的工作表，将其命名为"高级筛选去重"。

Step 2 启动"高级"筛选命令

选中 B1:B19 单元格区域，单击"数据"选项卡中"排序和筛选"组中的"高级"按钮 。

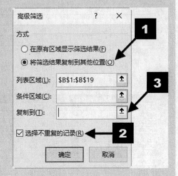

Step 3 设置高级筛选对话框

① 在弹出的"高级筛选"对话框中，单击"将筛选结果复制到其他位置"单选钮，勾选"选择不重复的记录"复选框，然后单击"复制到"文本框右侧的 按钮。

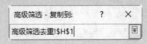

② 单击 H1 单元格，在对话框中添加目标单元格"高级筛选去重! $H$1"，然后单击文本框右侧的 按钮。

③ 返回"高级筛选"对话框，单击"确定"按钮，完成去重筛选。

筛选所得的无重复数据如图所示。

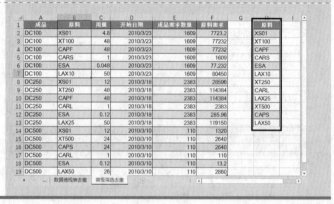

方法四：数组公式

Step 1 复制工作表

复制"原始数据"工作表至最右侧，并将其重命名为"公式去重"。

Step 2 输入标题

① 在 H1 单元格输入"原料"，选中 B1:B18 单元格区域，按组合键<Ctrl+C>复制，然后单击选中 H1 单元格，按组合键<Ctrl+V>粘贴。

② 单击"粘贴"选项右侧的下拉箭头按钮，在弹出的扩展菜单中选择"格式"命令，对目标单元格仅粘贴格式。

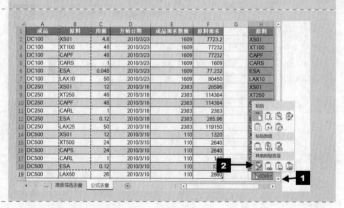

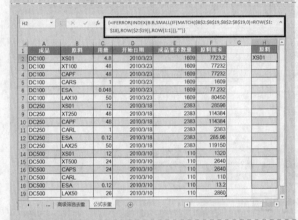

③ 此时在 H 列的目标单元格中复制了源单元格的单元格格式，如图所示。

Step 3 编制公式

在 H2 单元格中输入以下公式。

```
=IFERROR(INDEX(B:B,SMALL(IF(MATCH($B$2:
$B$19,$B$2:$B$19,0)=ROW($1:$18),ROW($2:$19)),
ROW(1:1))),"")
```

按<Ctrl+Shift+Enter>组合键确认。

Step 4 复制填充公式

单击选中 H2 单元格右下角的填充柄，按住鼠标左键向下拖动，至目标单元格，如 H18 单元格时松开鼠标，然后单击"自动填充选项"右侧的下拉箭头，在弹出的扩展菜单中单击"不带格式填充"单选钮。

最终效果如图所示。

方法五：使用 SQI

Step 1 复制工作表

复制"原始数据"工作表至最右侧，并将其重命名为"SQL 去重"。

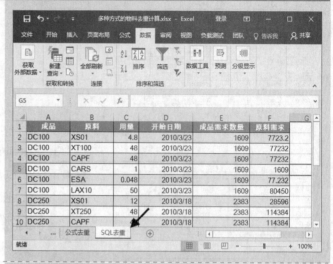

Step 2 创建连接

① 将光标定位在"SQL 去重"工作表中的任意位置，单击"数据"选项卡的"获取外部数据"组中的"现有连接"按钮。

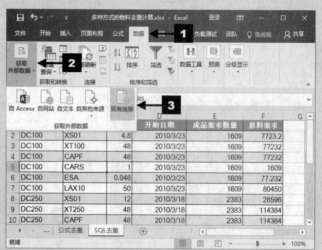

② 在弹出的"现有连接"对话框中单击"浏览更多"按钮。

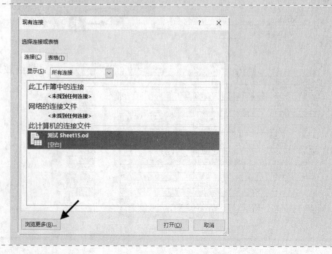

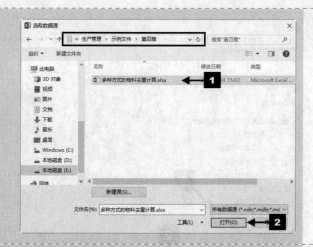

③ 在"选取数据源"对话框中，找到目标文件所在路径，双击目标文件，或选中目标文件后单击"打开"按钮。

④ 在"选择表格"对话框中选中"SQL去重"工作表，其他保持默认设置，单击"确定"按钮。

⑤ 在"导入数据"对话框中直接单击"属性"按钮。

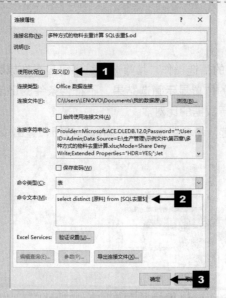

⑥ 在"连接属性"对话框中单击"定义"选项卡，在"命令文本"的文本框中输入以下代码。

`select distinct [原料] from [SQL去重$]`

单击"确定"按钮。

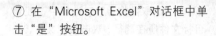

⑦ 在 "Microsoft Excel" 对话框中单击 "是" 按钮。

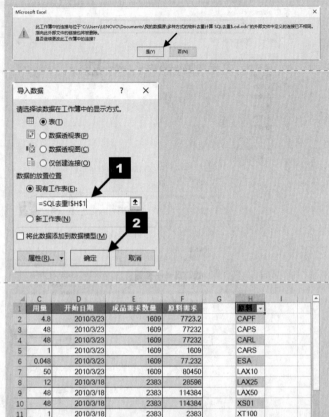

⑧ 将光标定位在 "数据的放置位置" 的 "现有工作表" 文本框中，然后用鼠标选中 H1 单元格，然后单击 "确定" 按钮。

Step 3 得到去重后的原料数据

在 "SQL 去重" 工作表中得到删除重复值后的原料数据，如图所示。

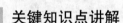

	C	D	E	F	G	H	I
1	用量	开始日期	成品需求数量	原料需求		原料	
2	4.8	2010/3/23	1609	7723.2		CAPF	
3	48	2010/3/23	1609	77232		CAPS	
4	48	2010/3/23	1609	77232		CARL	
5	1	2010/3/23	1609	1609		CARS	
6	0.048	2010/3/23	1609	77.232		ESA	
7	50	2010/3/23	1609	80450		LAX10	
8	12	2010/3/18	2383	28596		LAX25	
9	48	2010/3/18	2383	114384		LAX50	
10	48	2010/3/18	2383	114384		XS01	
11	1	2010/3/18	2383	2383		XT100	
12	0.12	2010/3/18	2383	285.96		XT250	
13	50	2010/3/18	2383	119150		XT500	
14	12	2010/3/18	110	1320			

公式去重 | SQL去重

关键知识点讲解

1. 高级筛选的使用

"高级筛选" 一般用于条件较复杂的筛选操作，其筛选的结果可显示在原数据表格中，不符合条件的记录则被隐藏起；也可以在新的位置显示筛选结果，不符合条件的记录同时保留在数据表中而不会被隐藏起来，这样更便于进行数据的比对。

在 "数据" 选项卡的 "排序和筛选" 命令组中单击 "高级" 按钮，弹出 "高级筛选" 对话框。

2. 自动筛选与高级筛选的比较

"自动筛选"一般用于条件简单的筛选操作，符合条件的记录显示在原来的数据表格中，操作起来比较简单，初学者对"自动筛选"也比较熟悉。

要筛选的多个条件之间若是"或"的关系，或需要将筛选的结果在新的位置显示出来，则只能使用"高级筛选"来实现。

一般情况下，"自动筛选"能完成的操作，使用"高级筛选"都可以实现。但有的"自动筛选"操作不宜用"高级筛选"，因为这样反而会使问题复杂化，如筛选最大或最小的前几项记录。

在实际操作中，解决数据筛选这类问题时，只要把握了问题的关键，选用简便、正确的操作方法，问题就能迎刃而解。

与排序不同，筛选并不重排区域。筛选只是暂时隐藏不必显示的行。

Excel 筛选行时，可对筛选后的单元格区域进行编辑、设置格式、制作图表和打印，而不必重新排列或移动。

3. 函数应用：IFERROR 函数

◼ **函数用途**

如果公式的计算结果错误，则返回用户指定的值；否则返回公式的结果。

◼ **函数语法**

IFERROR(value,value_if_error)

◼ **参数说明**

● value　必需。检查是否为错误值。

● value_if_error　必需。如果第一参数为错误值，则指定要返回的内容。

◼ **函数简单示例**

	A	B
1	总额	单价
2	180	30
3	37	0
4		51

示例	公式	说明	结果
1	=IFERROR(A2/B2,"计算中有错误")	检查第一个参数中公式的错误（180 除以 30），未找到错误，返回公式结果	6
2	=IFERROR(A3/B3,"计算中有错误")	检查第一个参数中公式的错误（37 除以 0），找到被 0 除错误，返回"计算中有错误"	计算中有错误

4. 函数应用：MATCH 函数

◼ **函数用途**

MATCH 函数可在单元格区域中搜索指定项，然后返回该项在单元格区域中的相对位置。

◼ **函数语法**

MATCH(lookup_value,lookup_array,[match_type])

📖 参数说明

- lookup_value　必需，是需要在第二参数中查找的内容。其可以是数值、文本或是对某个单元格的引用。
- lookup_array　必需，是可能包含所要查找的数值的连续单元格区域。
- match_type 可选，为数字-1、0 或 1。其作用是指明使用哪种匹配方式。

如果第四参数如果为 1，表示以小于或等于查找值的最大值进行匹配，同时要求第二参数必须按升序排列。

如果第四参数为 0，表示以精确匹配的方式，返回在数据列表中第一次出现的位置，第二参数可以按任何顺序排列。

如果第四参数为-1，表示以大于或等于查找值的最小值进行匹配，同时要求第二参数必须按降序排列。

如果省略第四参数以及第四参数前的逗号，则默认为 1。

📖 函数说明

- MATCH 函数返回查询区域中目标值的位置，而不是数值本身。例如，MATCH("b",{"a","b","c"},0)返回 2，即 "b" 在数组{"a","b","c"}中的相应位置。
- 查找文本值时，函数 MATCH 不区分大小写字母。
- 如果 MATCH 函数找不到查找值，则返回错误值#N/A。
- 如果使用精确匹配方式，并且查询值为文本，可以在查询值中使用通配符问号（？）和星号（＊）。问号匹配任意单个字符；星号匹配任意一串字符。如果要查找实际的问号或星号，需在该字符前键入波形符（～）。

📖 函数简单示例

	A	B
1	**Product**	**Count**
2	Apples	25
3	Oranges	87
4	Bananas	98
5	Pears	126

示例	公式	说明	结果
1	=MATCH(35,B2:B5,1)	由于无精确的匹配，所以返回数据区域 B2:B5 中最接近的下一个值（25）的位置	1
2	=MATCH(98,B2:B5,0)	数据区域 B2:B5 中 98 的位置	3
3	=MATCH(40,B2:B5,-1)	由于数据区域中无精确的匹配，且数据区域 B2:B5 不是按降序排列，所以返回错误值	#N/A

5. 函数应用：INDEX 函数

📖 函数用途

根据指定的行号或列号，返回表格或区域中的值或引用。

📖 函数常用语法

INDEX(array,row_num,[column_num])

◪ 参数说明

array   必需。为单元格区域或数组常量。

● 如果数组只包含一行或一列，则相对应的参数 row_num 或 column_num 为可选参数。

row_num   必需。用于指定行的位置，INDEX 函数从该行返回数值。如果省略 row_num，则必须有 column_num。

column_num   可选。用于指定列的位置，INDEX 函数从该列返回数值。如果省略 column_num，则必须有 row_num。

如果同时使用参数 row_num 和 column_num，INDEX 函数返回 row_num 和 column_num 交叉处的单元格中的值。

◪ 函数简单示例

	A	B
1	数据	数据
2	苹果	柠檬
3	香蕉	梨

示例	公式	说明	结果
1	=INDEX(A2:B3,2,2)	位于区域中第二行和第二列交叉处的数值	梨
2	=INDEX(A2:B3,2,1)	位于区域中第二行和第一列交叉处的数值	香蕉

6. 函数应用：SMALL 函数

◪ 函数用途

返回数据集中第 k 个最小值。使用此函数可以返回数据集中特定位置上的数值。

◪ 函数语法

SMALL(array,k)

◪ 参数说明

array   必需。是需要找到第 k 个最小值的数组或数字型数据区域。

k   必需。是返回的数据在数组或数据区域里的位置（从小到大）。

◪ 函数说明

● 如果 $k \leqslant 0$ 或 k 超过了数据点个数，SMALL 函数返回错误值#NUM!。

◪ 函数简单示例

	A	B
1	1	2
2	9	32
3	7	8
4	8	19
5	2	79
6	1	10
7	5	24
8	3	4

示例	公式	说明	结果
1	=SMALL(A1:A8,4)	A 列中第 4 个最小值	3
2	=SMALL(B1:B8,2)	B 列中第 2 个最小值	4

▢ 本例公式说明

以下为 H2 单元格的去重公式。

```
=IFERROR(INDEX(B:B,SMALL(IF(MATCH($B$2:$B$19,$B$2:$B$19,0)=ROW($1:$18),ROW($2:$19)),
ROW(1:1))),"")
```

公式中，"MATCH($B$2:$B$19,$B$2:$B$19,0)" 使用 MATCH 函数，查找出 B2:B19 单元格区域中的每个数据在 B2:B19 单元格区域中首次出现的位置。

```
{1;2;3;4;5;6;1;8;3;10;5;12;1;14;15;10;5;18}
```

ROW($1:$18)返回第一行至 18 行的行号。

```
{1;2;3;4;5;6;7;8;9;10;11;12;13;14;15;16;17;18}
```

MATCH($B$2:$B$19,$B$2:$B$19,0)=ROW($1:$18)部分，B2:B19 单元格区域中的数据首次出现的位置与其行号一致，返回"TRUE"，否则返回"FALSE"，最终返回内存数组。

```
{TRUE;TRUE;TRUE;TRUE;TRUE;TRUE;FALSE;TRUE;FALSE;TRUE;FALSE;TRUE;FALSE;TRUE;TRUE;
FALSE;FALSE;TRUE}
```

如果 MATCH 函数的结果是 TRUE，则 IF 函数返回对应的行号，再利用 SMALL 函数从小到大依次提取出行号。

SMALL 函数的结果作为 INDEX 函数的第二参数，使其返回 B 列中对应位置的数据。

扩展知识点讲解

数组公式的使用

Excel 中的数组公式非常有用，尤其在不能使用工作表函数直接得到结果时，数组公式显得尤为重要，它可以建立产生多值或对一组值而不是单个值进行操作的公式。

▢ 输入数组公式

要输入数组公式，首先必须选择用来存放结果的单元格区域（可以是一个单元格），在编辑栏输入公式，然后按<Ctrl + Shift + Enter>组合键，Excel 将在公式两边自动加上花括号"{}"。

注意：不要自己键入花括号，否则 Excel 会认为输入的是一个文本内容。

▢ 选取包含多单元格数组公式的全部区域

先选中区域中任意一个单元格，然后按<Ctrl + />组合键即可。

▢ 编辑数组公式

编辑数组公式时，须先选取数组区域并且激活编辑栏，公式两边的花括号将消失，然后编辑公式，最后按<Ctrl + Shift + Enter>组合键。

选取数组公式所占有的全部区域后，按<Delete>键即可删除数组公式。

▢ 数组常量的使用

数组公式中还可使用数组常量，但用户必须自己键入花括号"{}"将数组常量括起来，并且用","和";"分隔元素。其中","分隔不同列的值，";"分隔不同行的值。

▢ 数组公式示例

下面介绍两个使用数组公式的例子。

示例一：

如需分别计算各商品的销售额，可利用数组公式来实现。F2 单元格中的公式如下。

```
{=SUM(IF(A2:A11="商品 1",B2:B11*C2:C11,0))}
```

这个数组公式创建了一个条件求和，若在 A2:A11 单元格区域中出现值"商品 1"，则将 B2:B11

和 C2:C11 单元格区域中与其相对应的值相乘，若是其他值则为零。最后累加数组的结果。

同时，由于 B2:B11*C2:C11 部分得到一组多项计算结果，因此必须使用数组公式。

示例二：

假设要将 A1:A50 单元格区域中的所有数值舍入到 2 位小数位，然后对舍入的数值求和，很自然地就会想到使用公式：=ROUND(A1,2) + ROUND(A2,2) + … + ROUND(A50,2)。

有没有更简捷的算法呢？

有。可以使用如下公式。

```
{=SUM(ROUND(A1:A50,2))}
```

因为公式中的 ROUND(A1:A50,2)部分得到是一组多项计算结果，因此需要以数组公式的方式输入。

4.2 单阶 BOM 需求计算

案例背景

在进行生产排程后，需要根据产品 BOM 进行所需原材料的用量计算。BOM 中的单阶是指直属的下一层料件；多阶是指分解出的所有的料件，含中间的部件；尾阶则是指分解出的最终的料件及 BOM 树的子节点。本例重点讲解单阶 BOM 前提下的需求计算。

关键技术点

要实现本例中的功能，读者应当掌握以下 Excel 技术点。

- 斜线表头的制作
- 函数的应用：SUMPRODUCT 函数、SUMIF 函数

最终效果展示

主排程：

产品＼日期	10月1日	10月2日	10月3日	10月4日	10月5日
光驱	100	200	100	150	100
刻录机	180	210	520	200	200
DVD-ROM	300	220	350	420	100

BOM用量：

产品	材料	用量	10月1日	10月2日	10月3日	10月4日	10月5日
光驱	A	5	500	1000	500	750	500
光驱	B	1	100	200	100	150	100
光驱	C	2	200	400	200	300	200
光驱	D	1	100	200	100	150	100
刻录机	A	2	360	420	1040	400	400
刻录机	B	1	180	210	520	200	200
刻录机	C	1	180	210	520	200	200
刻录机	D	1	180	210	520	200	200
DVD-ROM	A	3	900	660	1050	1260	300
DVD-ROM	B	2	600	440	700	840	200
DVD-ROM	C	1	300	220	350	420	100

需求排程：

材料＼日期	Total	10月1日	10月2日	10月3日	10月4日	10月5日
A	10040	1760	2080	2590	2410	1200
B	4740	880	850	1320	1190	500
C	4000	680	830	1070	920	500
D	1960	280	410	620	350	300

单阶 BOM 需求计算

示例文件

\示例文件\第 4 章\单阶 BOM 需求计算.xlsx

每天的材料用量等于每天生产的产品数量乘以单个产品的材料用量。如光驱在某一天的订单生产排程为 100，而对应的 A 材料用量为 5，则这一天 A 材料的用量即为 100×5；如果这一天的订单生产排程为 200，则这一天 A 材料的用量即为 200×5。

4.2.1 制作 BOM 用量表

下面先制作 BOM 用量表。

Step 1 创建工作簿并输入相关文本

创建新工作簿，将其命名为"单阶 BOM 需求计算"。

在相应位置输入相关文本，如图所示。

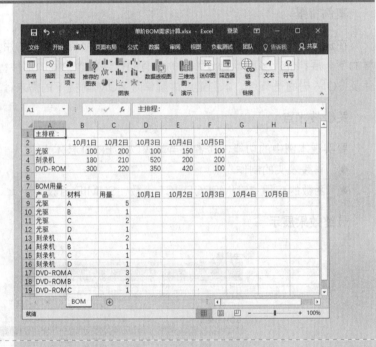

Step 2 设置斜线表头

① 在 A2 单元格中输入"日期"。

② 按<Alt+Enter>组合键换行，然后输入文本"产品"。

③ 将光标移至最前面，在"日期"前输入适量空格。

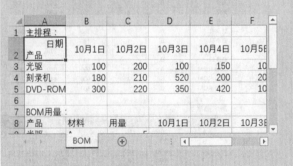

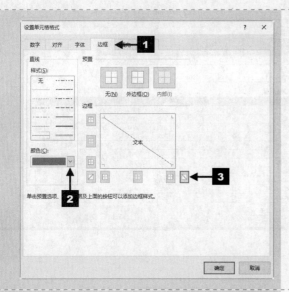

④ 选中 A2 单元格，按<Ctrl+1>组合键打开"设置单元格格式"对话框，切换到"边框"选项卡，单击设置线条颜色为"蓝色,个性色1"，单击"左斜线"按钮。

Step 3 美化工作表

① 设置字体和字号。

② 添加边框。

③ 调整列宽。

④ 取消网格线的显示。

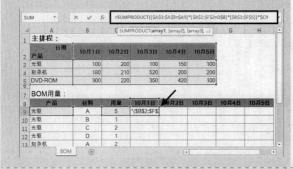

Step 4 输入公式

在 D9 单元格中输入以下公式。

`=SUMPRODUCT(($A$3:$A$5=$A9)*($B$2:$F$2=D$8)*($B$3:$F$5))*$C9`

按< Enter>键确认。

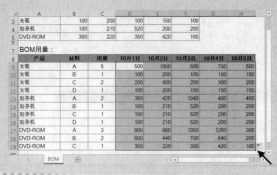

Step 5 复制填充公式

选中 D9 单元格右下角的填充柄，向右拖动填充，然后双击 H9 单元格的填充柄，填充公式至 D10:H19 单元格区域。

完成后的效果如图所示。

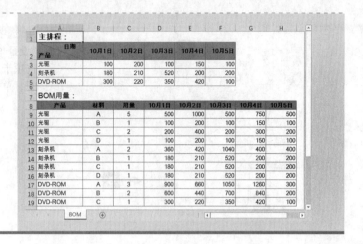

4.2.2 制作需求排程表

接下来完成需求排程的计算。

Step 1 制作需求排程区的表格

制作如图所示的"需求排程"表格。

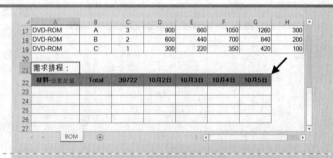

Step 2 得出不重复的材料名称

选中 A23 单元格，输入以下公式。

=INDEX($B$9:$B$19,MATCH(,COUNTIF($A$22:A22,$B$9:$B$19),))

按<Ctrl+Shift+Enter>组合键确认。

向下复制填充公式。

Step 3 编制各材料单日总用量公式

在 C23 单元格中输入以下公式。

=SUMIF($B$9:$B$19,$A23,D$9:D$19)

按<Enter>键确认。

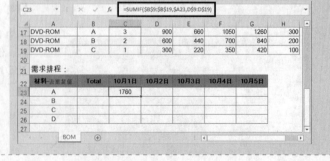

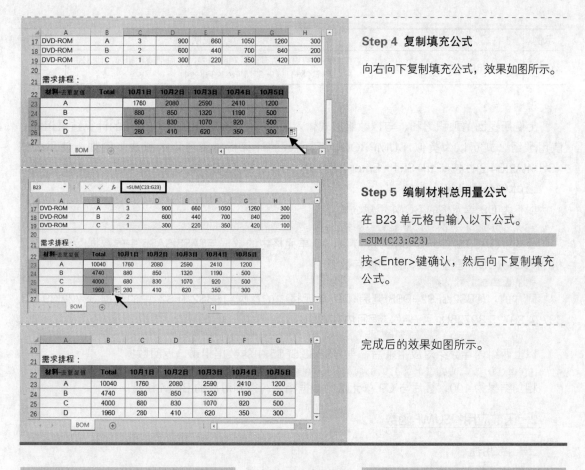

Step 4 复制填充公式

向右向下复制填充公式，效果如图所示。

Step 5 编制材料总用量公式

在 B23 单元格中输入以下公式。

`=SUM(C23:G23)`

按<Enter>键确认，然后向下复制填充公式。

完成后的效果如图所示。

关键知识点讲解

1. 函数应用：SUMPRODUCT 函数

函数用途

在给定的几组数组中，将数组间对应的元素相乘，并返回乘积之和。

函数语法

SUMPRODUCT(array1,[array2],[array3],...)

参数说明

array1　必需。是相应元素需要进行相乘并求和的第一个数组参数。

array2,array3,...　可选。是 2 ~ 255 个数组参数，其相应元素需要进行相乘并求和。

函数说明

- 数组参数必须具有相同的维数，否则，SUMPRODUCT 函数将返回错误值#VALUE!。
- SUMPRODUCT 函数将非数值型的数组元素作为 0 处理。

函数简单示例

	A	B	C	D
1	Array 1	Array 1	Array 2	Array 2
2	5	7	3	8
3	11	3	9	17
4	6	8	3	4

示例	公式	说明	结果
1	=SUMPRODUCT(A2:B4,C2:D4)	两个数组的所有元素对应相乘，然后把乘积相加，即 3×5+7×8+11×9+3×17+6×3+8×4	271

说明：

上例所返回的乘积之和，与以数组形式输入的公式 SUM（A2:B4*C2:D4)的计算结果相同。使用数组公式可以为类似 SUMPRODUCT 函数的计算提供更通用的解法。例如，使用公式 =SUM(A2:B4^2)并按<Ctrl+Shift+Enter>组合键，可以计算 A2:B4 单元格区域中所有元素的平方和。

■ **本例公式说明**

以下为 D9 单元格的 BOM 用量公式。

=SUMPRODUCT(($A$3:$A$5=$A9)*($B$2:$F$2=D$8)*($B$3:$F$5))*C9

公式中($A$3:$A$5=$A9)部分，判断 A9 单元格中的数据与$A$3:$A$5 中的数据{"光驱";"刻录机";"DVD-ROM"}是否一致，返回内存数组。

{TRUE;FALSE;FALSE}

同样的，($B$2:$F$2=D$8)判断 D9 单元格中的数据与$B$2:$F$2 中的数据{39722,39723,39724,39725,39726}是否一致，返回内存数组。

{TRUE,FALSE,FALSE,FALSE,FALSE}

以上两组内存数组对应相乘后，再与$B$3:$F$5 中的数据相乘，返回数据。

{100,0,0,0,0;0,0,0,0,0;0,0,0,0,0}

相加结果为 100，最后与 C9 单元格的数据相乘，得到对应的 BOM 用量。

2. 函数应用：SUMIF 函数

■ **函数用途**

按给定条件对指定单元格求和。

■ **函数语法**

SUMIF(range,criteria,[sum_range])

■ **参数说明**

range 必需。是要根据条件计算的单元格区域。每个区域中的单元格都必须是数字和名称、数组和包含数字的引用，空值和文本值将被忽略。

criteria 必需。确定对哪些单元格相加的条件，其形式可以为数字、表达式或文本。例如，条件可以表示为 32、"32"、">32"或"apples"。

sum_range 必需。为要相加的实际单元格（如果区域内的相关单元格符合条件）。如果省略 sum_range，则当区域中的单元格符合条件时，它们既按条件计算，也执行相加。

■ **函数说明**

● sum_range 与区域的大小和形状可以不同。相加的实际单元格通过以下方法确定：使用 sum_range 左上角的单元格作为起始单元格，然后包括与区域大小和形状相对应的单元格，如下表所示。

如果区域是	并且 sum_range 是	则需要求和的实际单元格是
A1:A5	B1:B5	B1:B5
A1:A5	B1:B3	B1:B5
A1:B4	C1:D4	C1:D4
A1:B4	C1:C2	C1:D4

- 在条件中允许使用通配符问号（？）和星号（＊）。

■ 函数简单示例

	A	B
1	交易量	佣金
2	10,000	6,000
3	20,000	12,000
4	30,000	18,000
5	40,000	24,000

示例	公式	说明	结果
1	=SUMIF(A2:A5,">16000",B2:B5)	交易量高于 16000 的佣金之和	54,000
2	=SUMIF(A2:A5,">16000")	因为省略 sum_range，则当 A2:A5 单元格区域符合条件时，执行相加，即对 A3:A5 单元格区域求和	90,000
3	=SUMIF(A2:A5,30000,B2:B3)	交易量等于 30000 的佣金之和	18,000

3. 函数应用：COUNTIF 函数

■ 函数用途

求满足给定条件的数据个数。

■ 函数语法

COUNTIF(range,criteria)

■ 参数说明

range 为需要计算其中满足条件的单元格数目的单元格区域。空值和文本值将被忽略。

criteria 为确定哪些单元格将被计算在内的条件，其形式可以是数值、文本或表达式。例如，条件可以表示为 32、">32"、B4、"apples"或"32"。

■ 函数说明

- 可以在条件中使用通配符，即问号（？）和星号（＊）。
- 条件不区分大小写。例如，字符串"apples"和字符串"APPLES"将匹配相同的单元格。

■ 函数简单示例

示例一：通用 COUNTIF 公式

	A	B
1	数据	数据
2	apples	38
3	oranges	54
4	peaches	75
5	apples	86

示例	公式	说明	结果
1	=COUNTIF(A2:A5,"apples")	计算 A2:A5 单元格区域中内容为 apples 的单元格个数	2
2	=COUNTIF(A2:A5,A4)	计算 A2:A5 单元格区域中与 A4 单元格相同的个数	1
3	=COUNTIF(B2:B5,">56")	计算 B2:B5 单元格区域中值大于 56 的单元格个数	2
4	=COUNTIF(B2:B5,"<>"&B4)	计算 B2:B5 单元格区域中值不等于 75 的单元格个数	3

示例二：在 COUNTIF 公式中使用通配符和处理空值

	A	B
1	数据	数据
2	apples	Yes
3		no
4	oranges	NO
5	peaches	No
6		
7	apples	Yes

示例	公式	说明	结果
1	=COUNTIF(A2:A7,"*es")	计算 A2:A7 单元格区域中以字母 "es" 结尾的单元格个数	4
2	=COUNTIF(A2:A7,"?????es")	计算 A2:A7 单元格区域中以 "les" 结尾且恰好有 7 位字符的单元格个数	2
3	=COUNTIF(A2:A7,"*")	计算 A2:A7 单元格区域中包含文本的单元格个数	4
4	=COUNTIF(A2:A7,"<>*")	计算 A2:A7 单元格区域中不包含文本的单元格个数	2

📖 本例公式说明

以下为 A23 单元格的需求排程用量公式。

```
=INDEX($B$9:$B$19,MATCH(,COUNTIF($A$22:A22,$B$9:$B$19),))
```

公式中的$B$9:$B$19 是需要去重的数据区域，$A$22:A22 为计算个数的条件区域。首先使用 COUNTIF 函数在统计$A$22:A22 单元格区域中分别统计$B$9:$B$19 单元格区域中每个元素的个数，得到一个由 1 或是 0 构成的内存数组结果。

MATCH 函数的第一参数省略，即为 "0"，查找首个 "0" 在内存数组中的位置，即首个未出现在 A 列查找结果中的材料的位置，再用 INDEX 函数进行索引定位。

以下为 C23 单元格的需求排程用量公式。

```
=SUMIF($B$9:$B$19,$A23,D$9:D$19)
```

公式中的$B$9:$B$19 是包含计算条件的单元格区域。$A23 为计算条件。D$9:D$19 是实际需要相加的数据区域。

如果$B$9:$B$19 单元格区域中的内容等于$A23 单元格的 "A"，就对 D$9:D$19 数据区域中对应的数值求和。

4.3 最小包装量需求订购

案例背景

在采购作业中，当向供货商下达采购订单时，需要根据供货商提供的物料最小包装量和生产所需数量来计算最终应下单数量。该数量既要满足生产需求，又需要按照要求是供货商最小包装的倍数。

关键技术点

要实现本例中的功能，读者应当掌握以下 Excel 技术点。

- 函数的应用：INT 函数、MOD 函数、ROUNDUP 函数、CEILING 函数

最终效果展示

料号	品名	单位	采购前置期	最小包装数量	需求量	需订购量 方法一	需订购量 方法二	需订购量 方法三
A1	C1	PC	15	200	300	400	400	400
A2	C2	PC	15	500	500	500	500	500
A3	C3	PC	15	1000	800	1000	1000	1000
A4	C4	PC	30	200	400	400	400	400
A5	C5	PC	30	500	600	1000	1000	1000
A6	C6	PC	30	1000	1000	1000	1000	1000

最小包装量需求订购

示例文件

\示例文件\第 4 章\最小包装量需求订购.xlsx

下面提供 3 种方法解决这一问题。

Step 1 创建工作簿并输入相关文本

创建一新工作簿,将其命名为"最小包装量需求订购",输入相关文本,并美化工作表,如图所示。

Step 2 编制方法一公式

① 选中 G2 单元格,输入以下公式。

`=(INT(F2/E2)+IF(MOD(F2,E2)=0,0,1))*E2`

按<Enter>键确认。

② 双击 G2 单元格右下角的填充柄,向下复制填充公式。

Step 3 编制方法二公式

① 选中 H2 单元格，输入以下公式。

`=ROUNDUP(F2/E2,0)*E2`

按<Enter>键确认。

② 双击 H2 单元格右下角的填充柄，向下复制填充公式。

Step 4 编写方法三公式

① 选中 I2 单元格，输入以下公式。

`=CEILING(F2/E2,1)*E2`

按<Enter>键确认。

② 双击 I2 单元格右下角的填充柄，向下复制填充公式。

关键知识点讲解

1. 函数应用：INT 函数

📖 函数用途

将数字向下舍入到最接近的整数。

📖 函数语法

INT(number)

📖 参数说明

number   需要进行向下舍入取整的实数。

📖 函数简单示例

示例	公式	说明	结果
1	=INT(8.9)	将 8.9 向下舍入到最接近的整数	8
2	=INT(−8.9)	将−8.9 向下舍入到最接近的整数	−9
3	=A2−INT(A2)	返回单元格 A2 中正实数的小数部分	0.8

2. 函数应用：MOD 函数

MOD 函数的介绍请见 1.1.2 小节的"扩展知识点讲解"。

■ 本案例公式说明

本案例中 G2 单元格中的公式如下。

`=(INT(F2/E2)+IF(MOD(F2,E2)=0,0,1))*E2`

首先使用需求数量/最小包装数量，然后使用 INT 函数取整。再用 MOD 函数计算需求数量与最小包装数量的余数，外套 IF 判断，如果是整除，则返回 0，否则返回 1，与之前 INT 函数的结果相加，最终乘以最小包装数量，从而得到最终需订购数量。

3. 函数应用：ROUNDUP 函数

■ 函数用途
远离零值，向上舍入数字。

■ 函数语法
ROUNDUP(number,num_digits)

■ 参数说明
number　为需要向上舍入的任意实数。

num_digits　四舍五入后的数字的位数。

■ 函数说明
- ROUNDUP 函数和 ROUND 函数功能相似,不同之处在于 ROUNDUP 函数总是向上舍入数字。
- 如果 num_digits 大于 0，则向上舍入到指定的小数位。
- 如果 num_digits 等于 0，则向上舍入到最接近的整数。
- 如果 num_digits 小于 0，则在小数点左侧向上进行舍入。

■ 函数简单示例

示例	公式	说明	结果
1	=ROUNDUP(3.2,0)	将 3.2 向上舍入，小数位为 0	4
2	=ROUNDUP(76.9,0)	将 76.9 向上舍入，小数位为 0	77
3	=ROUNDUP(3.14159,3)	将 3.14159 向上舍入，保留 3 位小数	3.142
4	=ROUNDUP(−3.14159,1)	将−3.14159 向上舍入，保留 1 位小数	−3.2
5	=ROUNDUP(31415.92654,−2)	将 31415.92654 向上舍入到小数点左侧 2 位	31500

■ 本案例公式说明
本案例中 H2 单元格中的公式如下。

`=ROUNDUP(F2/E2,0)*E2`

本例中，直接使用 ROUNDUP 函数将需求数量/最小包装数量的结果向上舍入到整数，最后再乘以最小包装数量，得到要订购的数量。

4. 函数应用：CEILING 函数

📖 函数用途

返回将参数 number 向上舍入（沿绝对值增大的方向）为最接近的指定基数的倍数。例如，如果用户不希望在价格使用所有"分"值，当产品价格为 4.42 时，则可以使用公式 =CEILING(4.42,0.1)将价格向上舍入到最接近的 4.5。

📖 函数语法

CEILING(number,significance)

📖 参数说明

number   必需。为要舍入的值。

significance   必需。为要舍入到的倍数。

📖 函数说明

● 不论参数 number 的符号如何，数值都是沿绝对值增大的方向向上舍入。如果 number 正好是 significance 的倍数，则不进行舍入。

● 如果 number 和 significance 都为负，则对值按远离 0 的方向进行向下舍入。

● 如果 number 为负，significance 为正，则对值按朝向 0 的方向进行向上舍入。

📖 函数简单示例

示例	公式	说明	结果
1	=CEILING(2.5,1)	将 2.5 向上舍入到最接近的 1 的倍数	3
2	=CEILING(−2.5,−2)	将−2.5 向上舍入到最接近的−2 的倍数	−4
3	=CEILING(−2.5,2)	将−2.5 向上舍入到最接近的 2 的倍数	−2
4	=CEILING(1.5,0.1)	将 1.5 向上舍入到最接近的 0.1 的倍数	1.5
5	=CEILING(0.234,0.01)	将 0.234 向上舍入到最接近的 0.01 的倍数	0.24

📖 本案例公式说明

本案例中 I2 单元格中的公式如下。

```
=CEILING(F2/E2,1)*E2
```

使用 CEILING 函数将需求数量/最小包装数量的数值向上舍入到最接近的 1 的倍数，最后再乘以最小包装数量，得到要订购的数量。

扩展知识点讲解

函数应用：ROUNDDOWN 函数

📖 函数用途

靠近零值，向下（绝对值减小的方向）舍入数字。

📖 函数语法

ROUNDUP(number,num_digits)

📖 参数说明

number   为需要向下舍入的任意实数。

num_digits   四舍五入后的数字的位数。

函数说明

● ROUNDDOWN 函数和 ROUND 函数功能相似，不同之处在于 ROUNDDOWN 函数总是向下舍入数字。

● 如果 num_digits 大于 0，则向下舍入到指定的小数位。

● 如果 num_digits 等于 0，则向下舍入到最接近的整数。

● 如果 num_digits 小于 0，则在小数点左侧向下进行舍入。

函数简单示例

示例	公式	说明	结果
1	=ROUNDDOWN(3.2,0)	将 3.2 向下舍入，小数位为 0	3
2	=ROUNDDOWN(76.9,0)	将 76.9 向下舍入，小数位为 0	76
3	=ROUNDDOWN(3.14159,3)	将 3.14159 向下舍入，保留 3 位小数	3.141
4	=ROUNDDOWN(−3.14159,1)	将−3.14159 向下舍入，保留 1 位小数	−3.1
5	=ROUNDDOWN(31415.92654,−2)	将 31415.92654 向下舍入到小数点左侧 2 位	31400

4.4 物料用量排序

案例背景

在物料管理和控制中，经常需要对某种物料的用量进行排序，比如按月度平均用量进行从高至低排序或是自低往高排序。

关键技术点

要实现本例中的功能，读者应当掌握以下的 Excel 技术点。

● 数据的排序

● 函数的应用：LARGE、SMALL 函数

● 函数的应用：INDEX 函数、MATCH 函数

最终效果展示

物料编码	品名	单位	月平均用量
A1A05004	长春0.5T板材	SH	88
A1A05001	建滔0.5T板材	SH	190
A1A05005	长春1.0T板材	SH	210
A1A05002	建滔1.0T板材	SH	488
A1A05003	建滔1.5T板材	SH	985
A1A05006	长春1.5T板材	SH	1025

物料用量排序——月平均用量升序

示例文件

\示例文件\第 4 章\物料用量排序.xlsx

下面提供两种方法解决这一问题。

Step

Step 1 打开源文档

打开需要排序的工作簿"物料用量排序"。

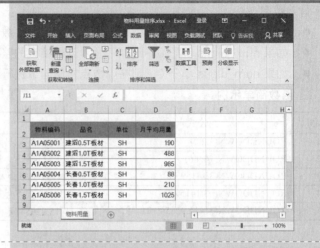

Step 2 选项卡命令排序

① 选中数据区域中的任意单元格，如 B4 单元格，依次单击"数据"→"排序"按钮。

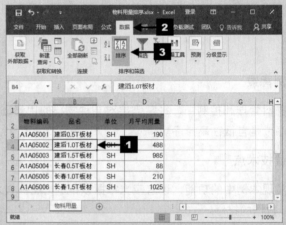

② 在打开的"排序"对话框中，单击"主要关键字"编辑框右侧的下箭头按钮，在弹出的列表中选择"月平均用量"，选择排列"次序"为"升序"，其他保持默认，然后单击"确定"按钮。

排序后的效果如图所示。

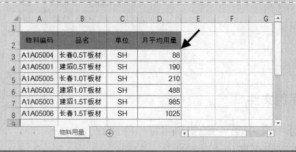

如果用户需要按地区进行排序，可按如下步骤操作。

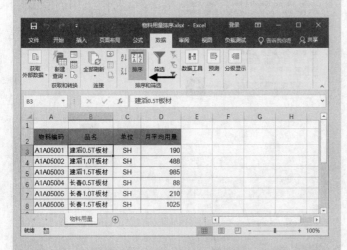

Step 自定义排序

① 选中数据区域中的任意单元格，如 B3 单元格，依次单击"数据"→"排序"按钮。

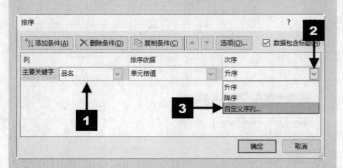

② 在打开的"排序"对话框中，选择"主要关键字"为"品名"，单击排列"次序"右侧的下箭头按钮，在下拉列表中选择"自定义序列"。

③ 在弹出的"自定义序列"对话框的"输入序列"编辑框中，依次输入以下内容。

长春 0.5T 板材

长春 1.0T 板材

长春 1.5T 板材

建滔 0.5T 板材

建滔 1.0T 板材

建滔 1.5T 板材

每个条目输入后按<Enter>键另起一行，然后单击"添加"按钮，添加新序列。

④ 在"自定义序列"列表中选中新添加的序列，然后单击"确定"按钮。

⑤ 返回"排序"对话框，单击"确定"按钮，完成排序。

按品名自定义排序的结果如图所示。

	A	B	C	D
	物料编码	品名	单位	月平均用量
3	A1A05004	长春0.5T板材	SH	88
4	A1A05005	长春1.0T板材	SH	210
5	A1A05006	长春1.5T板材	SH	1025
6	A1A05001	建滔0.5T板材	SH	190
7	A1A05002	建滔1.0T板材	SH	488
8	A1A05003	建滔1.5T板材	SH	985

如果用户想既按月平均用量排序，又按品名排序，也就是按多个关键字进行排序，方法如下。

 Step

Step 1 按多个关键字排序

① 选中数据区域中的任意单元格，如B3单元格，依次单击"数据"→"排序"按钮。

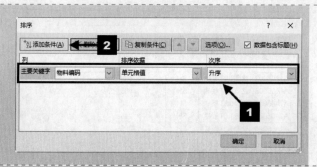

② 在弹出的"排序"对话框中设置"主要关键字"为"物料编码",排列"次序"为"升序",然后单击"添加条件"按钮。

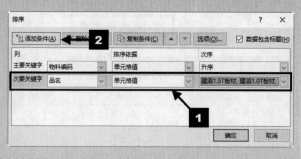

③ 添加"次要关键字"为"品名",排列"次序"为之前的"自定义序列"的倒序,然后单击"添加条件"按钮。

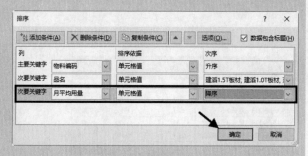

④ 再次添加"次要关键字"为"月平均用量",排列"次序"为"降序",最后单击"确定"按钮。

按多个关键字排序的结果如图所示。

① Excel 对多次排序的处理原则为:在多列表格中,先被排序过的列,会在后续其他列的排序过程中尽量保持自己的顺序。

因此,使用多关键字进行排序时应遵循如下规则:先排序较次要(或者称为"排序优先级较低")的列,后排序较重要(或者称为"排序优先级较高")的列。

② Excel 提供了多种方法对数据进行排序,如按笔画排序、按颜色排序等。

利用公式也可以对数据进行排序,具体步骤如下。

Step 2 公式排序——降序

① 复制数据源工作表，将其重命名为"公式排序"，在 E2 单元格中输入文本"月平均用量降序"，并给 E2:E8 单元格区域复制添加格式。

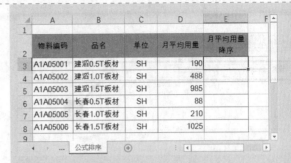

② 选中 E3 单元格，输入以下公式。

`=LARGE($D$3:$D$8,ROW(A1))`

按<Enter>键确认。

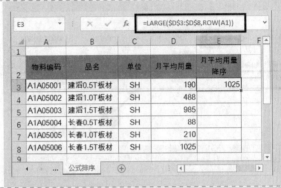

③ 双击 E3 单元格右下角的填充柄，向下复制填充公式。

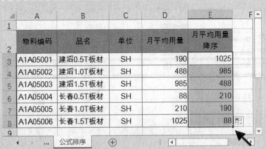

Step 3 其他数据排序

① 在月平均用量没有重复的前提下，如果需要将对应的物料编码也按降序排序，可选中 F3 单元格，输入以下公式。

`=INDEX($A$3:$A$8,MATCH(LARGE($D$3:$D$8,ROW(A1)),$D$3:$D$8,))`

按<Enter>键确认。

② 双击 F3 单元格右下角的填充柄，向下复制填充公式。

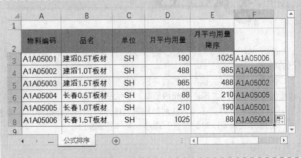

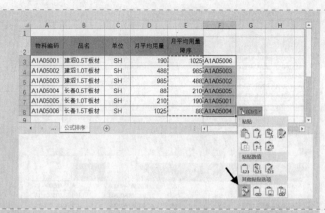

③ 为 F 列的数据复制格式。

选中 E3:E8 单元格区域，按组合键 <Ctrl+C>；单击 F3 单元格，按组合键 <Ctrl+V>，并且在"粘贴选项"下拉列表中选择"格式"命令。

Step 4 公式排序——降序

① 在 G2 单元格中输入文本"月平均用量升序"，并给 G2:G8 单元格区域复制添加格式。

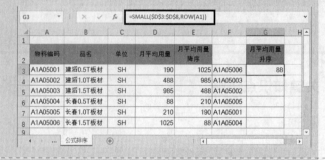

② 选中 G3 单元格，输入以下公式。

`=SMALL($D$3:$D$8,ROW(A1))`

按<Enter>键确认。

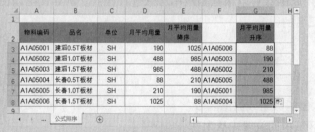

③ 双击 G3 单元格右下角的填充柄，向下复制填充公式。

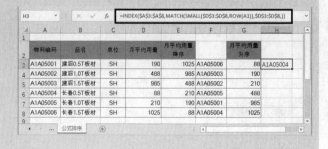

Step 5 其他数据排序

① 在月平均用量没有重复的前提下，如果需要将对应的物料编码也按降序排序，可选中 H3 单元格，输入以下公式。

`=INDEX($A$3:$A$8,MATCH(SMALL($D$3:$D$8,ROW(A1)),$D$3:$D$8,))`

按<Enter>键确认。

② 双击 H3 单元格右下角的填充柄，向下复制填充公式。

	A	B	C	D	E	F	G	H
1					月平均用量		月平均用量	
2	物料编码	品名	单位	月平均用量	降序		升序	
3	A1A05001	建滔0.5T板材	SH	190	1025	A1A05006	88	A1A05004
4	A1A05002	建滔1.0T板材	SH	488	985	A1A05003	190	A1A05001
5	A1A05003	建滔1.5T板材	SH	985	488	A1A05002	210	A1A05005
6	A1A05004	长春0.5T板材	SH	88	210	A1A05005	488	A1A05002
7	A1A05005	长春1.0T板材	SH	210	190	A1A05001	985	A1A05003
8	A1A05006	长春1.5T板材	SH	1025	88	A1A05004	1025	A1A05006

公式排序

③ 为 H 列的数据复制格式。

	A	B	C	D	E	F	G	H
1					月平均用量		月平均用量	
2	物料编码	品名	单位	月平均用量	降序		升序	
3	A1A05001	建滔0.5T板材	SH	190	1025	A1A05006	88	A1A05004
4	A1A05002	建滔1.0T板材	SH	488	985	A1A05003	190	A1A05001
5	A1A05003	建滔1.5T板材	SH	985	488	A1A05002	210	A1A05005
6	A1A05004	长春0.5T板材	SH	88	210	A1A05005	488	A1A05002
7	A1A05005	长春1.0T板材	SH	210	190	A1A05001	985	A1A05003
8	A1A05006	长春1.5T板材	SH	1025	88	A1A05004	1025	A1A05006

公式排序

取消网络线显示，并进一步整理表格。最终效果如图所示。

	A	B	C	D	E	F	G	H
1					月平均用量		月平均用量	
2	物料编码	品名	单位	月平均用量	降序		升序	
3	A1A05001	建滔0.5T板材	SH	190	1025	A1A05006	88	A1A05004
4	A1A05002	建滔1.0T板材	SH	488	985	A1A05003	190	A1A05001
5	A1A05003	建滔1.5T板材	SH	985	488	A1A05002	210	A1A05005
6	A1A05004	长春0.5T板材	SH	88	210	A1A05005	488	A1A05002
7	A1A05005	长春1.0T板材	SH	210	190	A1A05001	985	A1A05003
8	A1A05006	长春1.5T板材	SH	1025	88	A1A05004	1025	A1A05006

公式排序

关键知识点讲解

函数应用：LARGE 函数

返回数据集中第 k 个最大值，使用此函数可以根据相对标准来选择数值。例如，可以使用 LARGE 函数得到第一名、第二名或第三名的得分。

函数语法
LARGE(array,k)

参数说明
array　为需要从中选择第 k 个最大值的数组或数据区域。

k　为返回值在数组或数据单元格区域中的位置（从大到小排序）。

函数说明
● 如果 $k \leq 0$ 或 k 大于数据点的个数，LARGE 函数返回错误值#NUM!。

函数简单示例
示例数据如下。

	A	B
1	数据	数据
2	1	21
3	3	15
4	7	18
5	8	29
6	4	34

示例	公式	说明	结果
1	=LARGE(A2:B6,3)	上面数据中第 3 个最大值	21
2	=LARGE(A2:B6,7)	上面数据中第 7 个最大值	7

■ **本案例公式说明**

本案例中 E3 单元格中的公式如下。

```
=LARGE($D$3:$D$8,ROW(A1))
```

ROW(A1)返回 1，所以在 E3 中返回$D$3:$D$8 单元格区域中的第 1 个最大值。随着公式向下填充，依次返回第 2 个最大值、第 3 个最大值，以达到降序排列的目的。

本案例 G3 单元格中的公式为：

```
=SMALL($D$3:$D$8,ROW(A1))
```

相反的，ROW(A1)返回 1，所以在 G3 中返回$D$3:$D$8 单元格区域中的第 1 个最小值。随着公式向下填充，依次返回第 2 个最小值、第 3 个最小值，以达到升序列的目的。

本案例中 F3 单元格中的公式如下。

```
=INDEX($A$3:$A$8,MATCH(LARGE($D$3:$D$8,ROW(A1)),$D$3:$D$8,))
```

MATCH 函数返回 LARGE 函数排序后各个数据所处的相对位置。作为 INDEX 函数的第二参数，返回$A$3:$A$8 相应位置的数据。

本案例中 H3 单元格中的公式如下。

```
=INDEX($A$3:$A$8,MATCH(SMALL($D$3:$D$8,ROW(A1)),$D$3:$D$8,))
```

MATCH 函数返回 SMALL 函数排序后各个数据所处的相对位置。作为 INDEX 函数的第二参数，返回$A$3:$A$8 相应位置的数据。

第 **5** 章 人员管理

Excel 2016 高效办公

　　绩效管理是在目标与如何达到目标之间达成共识的过程，以及激励员工成功地达到目标的管理方法。绩效管理是一个系统的工作，它涉及诸多的管理观念、方法和技巧，需要认真研究和实践。本例流畅地将绩效管理和人员评估结合为一体，通过此表，现场的管理人员可以对人员进行评估，可以直观地浏览每个不同职位的员工总评、每一项的具体分值和对应的评语，还可以对每个员工的培训及改进计划进行跟踪。

5.1 绩效管理及人员评估

案例背景

某企业需要对生产过程进行管理，现场的管理人员可以利用本案例介绍的表格对人员进行绩效管理和评估。

关键技术点

要实现本例中的功能，读者应当掌握以下 Excel 技术点。

- 下拉列表的制作
- 打印预览
- 函数的应用：YEAR 函数、NOW 函数、IFS 函数、IF 函数

最终演示效果

序号	班别	姓名	工位	达成率	达成率得分	批退次数	良率得分	全勤天数	事假	病假	出勤天数	出勤得分	总分	等级评定
1	A-F	ABC01	OP01	90%	30	1	40	20			20	20	90	A+
2	A-F	ABC02	OP02	93%	30	1	40	20			20	20	90	A+
3	A-F	ABC03	OP03	95%	30	1	40	20			20	20	90	A+
4	A-F	ABC04	OP04	91%	30	1	40	20			20	20	90	A+
5	A-F	ABC05	OP05	92%	30	2	30	20			20	20	80	B
6	A-F	ABC06	OP06	93%	30	3	30	20			20	20	80	B
7	B-F	ABC07	OP07	95%	30	1	40	20			20	20	90	A+
8	B-F	ABC08	OP08	100%	40	0	40	20		1	19	0	80	B
9	B-F	ABC09	OP09	98%	30	1	40	20	2		18	0	70	B
10	A-F	ABC10	OP10	97%	30	6	0	20	7		13	0	30	C
11	A-F	ABC11	OP11	93%	30	2	30	20	6		14	0	60	B
12	A-F	ABC12	OP12	89%	10	0	40	20			20	20	70	B
13	B-F	ABC13	OP13	93%	30	1	40	20			20	20	90	A+
14	B-F	ABC14	OP14	95%	30	1	40	20			20	20	90	A+
15	A-F	ABC15	OP15	91%	30	5	20	20			20	20	70	B

人员绩效及评估管理

示例文件

\示例文件\第 5 章\人员绩效及评估管理.xlsx

5.1.1 创建封面表

在本案例中，首先需要为绩效评估的结果创建一个封面表。所输入的数据是进行绩效评估的基础，在此基础上，该表格还能自动填充其他的数据。

Step 1 新建工作簿

新建一个工作簿，将其保存并命名为"人员绩效及评估管理"，将"Sheet1"工作表重命名为"封面"。

Step 2 输入公司标题

选中 A10:K10 单元格区域，设置"合并后居中"，输入公司名称"xxx 有限公司"。

Step 3 输入标题和数据

① 在对应的区域中输入其他标题。

② 在超出封面可视范围外的 O1:O5 单元格区域中，分别输入可供选择的职务。

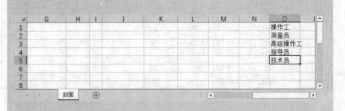

Step 4 设置数据验证

① 选中 I20:K20 单元格区域，设置合并后居中。切换到"数据"选项卡，单击"数据工具"命令组中的"数据验证"按钮。

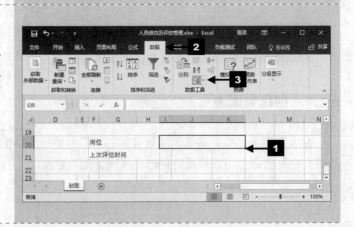

② 弹出"数据验证"对话框，并自动切换到"设置"选项卡。在"允许"下拉列表中选择"序列"，在"来源"文本框中单击，再拖动鼠标从工作表中选中 O1:O5 单元格区域。单击"确定"按钮。

此时，在 I20:K20 单元格区域右侧就出现了一个下拉按钮，单击此按钮打开下拉列表后进行选择，可以方便地输入数据。

Step 5 输入起始时间

选中 D22 单元格，输入以下公式，按 <Enter>键确认。

`="从"&YEAR(NOW())-1&"年"`

Step 6 输入结束时间

选中 H22 单元格，输入以下公式，按 <Enter>键确认。

`="至"&YEAR(NOW())&"年"`

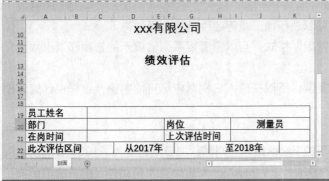

Step 7 美化工作表

① 适当地合并部分单元格。

② 设置字体、字号、加粗和居中。

③ 调整列宽。

④ 设置框线。

⑤ 取消网格线的显示。

关键知识点讲解

1. 函数应用：YEAR 函数

■ 函数用途

返回对应于某个日期的年份。返回值为 1900 ~ 9999 的整数。

■ 函数语法

YEAR(serial_number)

■ 参数说明

serial_number　必需，是要查找的年份的日期。可以使用函数 DATE(2018,5,23)输入 2018 年 5 月 23 日，也可以使用带有半角双引号的日期"2018-5-23"。

2. 函数应用：NOW 函数

■ 函数用途

返回当前日期和时间所对应的序列号。如果在输入函数前，单元格的格式为"常规"，则结果将被设为日期格式。

■ 函数语法

NOW( )

■ 函数说明

● Excel 将日期存储为可用于计算的序列值。序列值中的小数部分表示时间，整数部分表示日期。例如，序列号 0.5 表示时间为中午 12:00。

● NOW 函数的结果仅在重新计算工作表才改变。它并不会自动持续更新。

扩展知识点讲解

1. 日期和日期系统

在 Windows 系统上所使用的 Excel 版本中，日期系统默认为"1900 日期系统"。即以 1900 年 1 月 1 日作为序列值的基准日，当日的序列值为 1，这之后的日期均以距基准日期的天数为其序列值。例如 2008 年 1 月 1 日是序列号 39448，这是因为它距 1900 年 1 月 1 日有 39448 天。Excel 将时间存储为小数，因为时间被看作天的一部分。

日期和日期系统

因为日期和时间都是数值，因此也可以进行加、减等各种运算。通过将包含日期或时间的单元格格式设置为"常规"格式，可以查看以系列值显示的日期和以小数值显示的时间。

由于计算程序解释日期的规则十分复杂，所以在输入日期时应尽可能明确，这样在计算日期时就可具有最高的准确性。

（1）1900 和 1904 日期系统。

如果用户使用的是 Macintosh 系统下的 Excel 版本，则默认的日期系统为"1904 日期系统"，即是以 1904 年 1 月 1 日作为日期系统的基准日。Windows 系统如有使用此种日期系统的必要，可依次单击"文件"→"Excel 选项",在弹出的"Excel 选项"对话框的"高级"选项卡中,勾选"计算此工作簿时"区域中的"使用 1904 日期系统"复选框,最后单击"确定"按钮。

（2）Excel 解释以两位数字表示的年份。

若要确保年份值像所希望的那样解释,可将年份按四位数键入（例如 2001,而非 01）。如果输入了四位数的年,Excel 不会强行将其解释为世纪数。

当以两位数字形式输入日期时,Excel 将按如下方法解释该年份。

● 00～29

Excel 将 00～29 的两位数字的年解释为 2000—2029 年。例如,如果输入日期 19-5-28,则 Excel 将假定该日期为 2019 年 5 月 28 日。

● 30～99

Excel 将 30～99 的两位数字的年解释为 1930—1999 年。例如,如果输入日期 98-5-28,则 Excel 将假定该日期为 1998 年 5 月 28 日。

2. 日期与时间函数列表

在数据表的处理过程中,日期与时间的函数是相当重要的处理依据,Excel 在这方面提供了多个日期与时间类计算的函数。下表列出了相关函数及说明。

函数名	函数说明	语法
DATE	返回代表特定日期的序列值	DATE(year,month,day)
DATEDIF	计算两个日期之间的天数、月数或年数	DATEDIF(start_date,end_date,unit)
DATEVALUE	该函数的主要功能是将以文字表示的日期转换成一个序列值	DATEVALUE(date_text)
DAY	返回某日期的天数,用整数 1～31 表示	DAY(serial_number)
DAYS360	按照一年 360 天的算法（每个月以 30 天计,一年共计 12 个月）,返回两日期间相差的天数	DAYS360(start_date,end_date,method)
EDATE	返回指定日期（start_date）之前或之后指定月份数的日期。应用该函数可以计算与发行日处于一月中同一天的到期日的日期	EDATE(start_date,months)
EOMONTH	返回 start-date 之前或之后指定月份中的最后一天。应用该函数可计算特定月份中最后一天的时间系列数,用于证券的到期日等的计算	EOMONTH(start_date,months)
HOUR	返回时间值的小时数,即 0～23 的一个整数	HOUR(serial_number)
MINUTE	返回时间值中的分钟,即 0～59 的一个整数	MINUTE(serial_number)
MONTH	返回以系列数表示的日期中的月份。月份是介于 1（一月）和 12（十二月）之间的整数	MONTH(serial_number)
NETWORKDAYS	返回两个日期之间完整的工作日数值。工作日不包括周末和专门指定的假期	NETWORKDAYS(start_date,end_date,holidays)
NOW	返回当前日期和时间	NOW()
SECOND	返回时间值的秒数。返回的秒数为 0～59 的整数	SECOND(serial_number)
TIME	返回某一特定时间的小数值,TIME 函数返回的小数值为 0～0.99999999 的数值,代表从 0:00:00 到 23:59:59 之间的时间	TIME(hour,minute,second)
TIMEVALUE	返回由文本串所代表的时间的小数值。该小数值为 0～0.999999999 的数值,代表从 0:00:00 到 23:59:59 之间的时间	TIMEVALUE(time_text)

续表

函数名	函数说明	语法
TODAY	返回系统当前日期	TODAY()
WEEKDAY	返回某日期为星期几。默认情况下，其值为1（星期天）到7（星期六）之间的整数	WEEKDAY(serial_number,return_type)
WEEKNUM	返回一个数字，该数字代表一年中的第几周	WEEKNUM(serial_num,return_type)
WORKDAY	返回某日期（起始日期）之前或之后相隔指定工作日的某一日期的日期值。工作日不包括周末和专门指定的假日	WORKDAY(start_date,days,holidays)
YEAR	返回某日期的年份。返回值为 1900～9999 的整数	YEAR(serial_number)
YEARFRAC	返回 start_date 和 end_date 之间的天数占全年天数的百分比	YEARFRAC(start_date,end_date,basis)

5.1.2 打印封面

通过 5.1.1 小节中的步骤，封面已制作完毕。打印文档时，为了避免纸张浪费，往往先通过"打印预览"命令进行预览。

Step 1 调整页边距

① 切换到"页面布局"选项卡，单击"页面设置"命令组右下角的"对话框启动器"按钮 。

② 在打开的"页面设置"对话框中单击"页边距"选项卡，勾选"居中方式"组合框中的"水平"和"垂直"复选框。

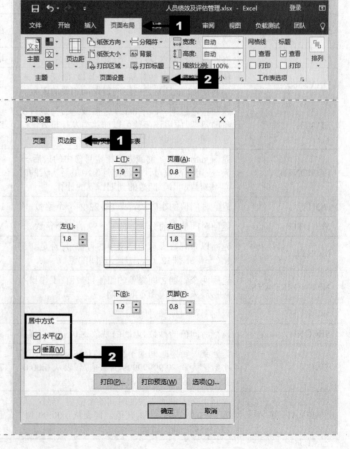

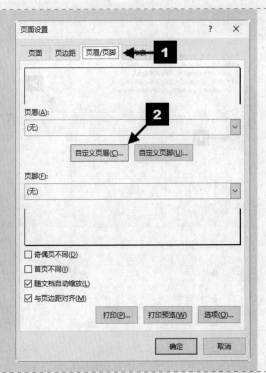

Step 2 设置页眉/页脚

① 切换到"页眉/页脚"选项卡,单击页眉下的"自定义页眉"按钮,弹出"页眉"对话框。

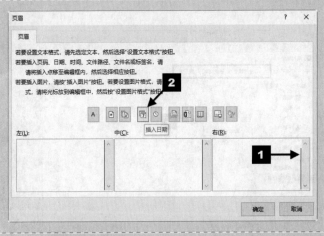

② 在弹出的"页眉"对话框中,将光标定位在"右"文本框中,再单击上方的"插入日期"按钮。

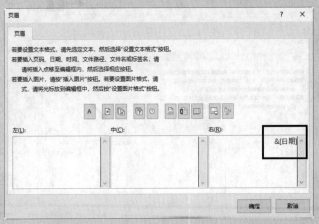

此时,在"页眉"的右文本框中插入了日期代码。

③ 将光标定位在"左"文本框中，再单击上方的"插入图片"按钮。

④ 在弹出的"插入图片"对话框中单击"浏览"按钮。

⑤ 在弹出的"插入图片"对话框中，找到 Logo 存放的位置，选中该文件，然后单击"插入"按钮。

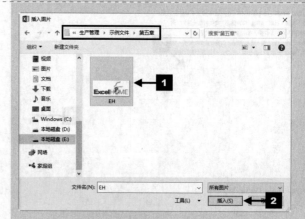

⑥ 此时在"页眉"的"左"文本框中已插入了 Logo 图片，保持光标在"左"文本框中不变，单击"设置图片格式"按钮。

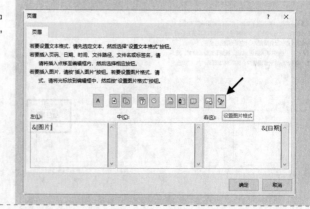

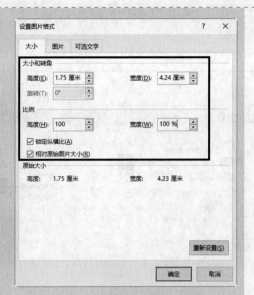

⑦ 在"设置图片格式"对话框中，可调整图片的大小，也可以通过调整比例来改变其大小。如果勾选"锁定纵横比"复选框，调整了"高度"后，"宽度"会相应发生改变。

此处保持大小不变。

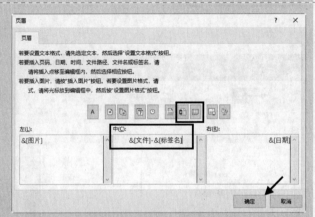

⑧ 用同样的方法在"中"文本框中插入"文件名"和"标签名"，中间用"-"连接。

单击"确定"按钮，完成"页眉"的设置。

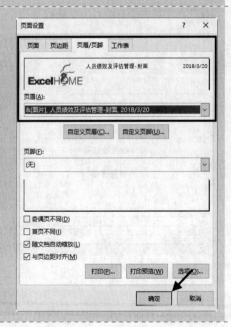

"页眉/页脚"设置完毕的效果如图所示。

单击"确定"按钮，关闭"页面设置"对话框。

技巧 在页眉中插入不带扩展名的文件名

在本案例中，页眉的中间插入了文件名，如果用户不希望在文件名后面看到扩展名".xlsx"，可按以下步骤操作。

① 单击 Windows 系统的"开始"按钮，在弹出的列表中单击"文件资源管理器"。

② 在"文件资源管理器"界面中，取消勾选"查看"选项卡中"显示/隐藏"组中的"文件扩展名"复选框。

Step 3 分页预览

切换到"视图"选项卡，在"工作簿视图"组中单击"分页预览"按钮，工作表即从普通视图转换为分页预览视图。

如果打印区域不符合要求，则可通过拖动分页符来调整其大小，直到合适为止。

将鼠标指针移至垂直分页符上，向右拖动分页符至目标列的右侧，增加垂直方向的打印区域。

将鼠标指针移至蓝色实线上，向左拖动至目标列的右侧，调整打印区域。

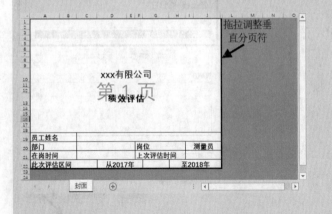

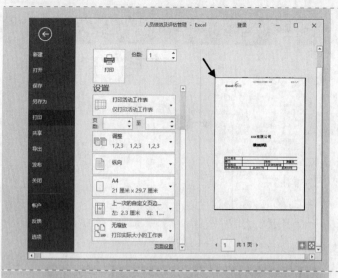

Step 4 查看打印预览

在功能区中单击"文件"选项卡，在打开的下拉菜单中单击"打印"，可以查看打印预览效果。

也可以直接按<Ctrl+F2>快捷键，或者在 Step 2 的"页面设置"对话框中单击"打印预览"按钮，均可以观察到打印预览效果。

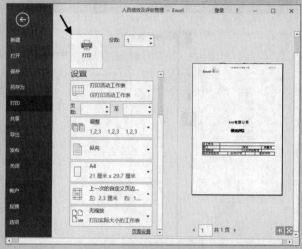

Step 5 打印封面

预览确认没问题后，单击"打印"界面的"打印"按钮，并选择适当的打印机，即可打印出当前封面。

5.1.3 创建绩效表

接下来开始创建绩效评估的基础和根据——绩效表。

Step 1 插入新工作表，输入标题

① 插入一个新的工作表，将其命名为"绩效表"。

② 输入各字段标题及文本。

③ 适当地调整单元格的列宽。

Step 2　设置百分比样式

选中需要设置的单元格区域 E2:E16，依次单击"开始"→"数字"组中的"百分比样式"按钮 % ，使数字显示为百分比样式。

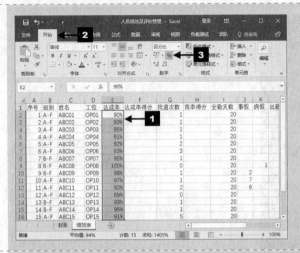

Step 3　设置冻结窗格

选中 E2 单元格，依次单击"视图"→"窗口"组中的"冻结窗格"→"冻结拆分窗格"命令，使得第一行与前四列中的数据在滚动屏幕时始终显示。

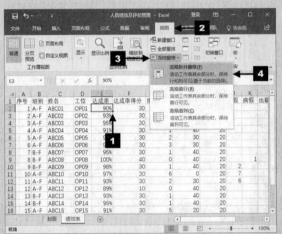

Step 4　编写公式

① 选中 F2 单元格，输入如下公式。

`=IF(E2>=1,40,IF(E2>=0.9,30,10))`

按<Enter>键确认。

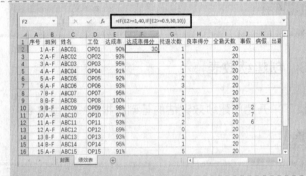

② 双击 F2 单元格右下角的填充柄，向下复制填充公式。

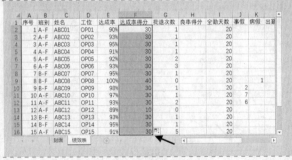

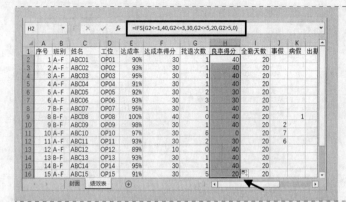

③ 选中 H2 单元格,输入如下公式。

`=IFS(G2<=1,40,G2<=3,30,G2<=5,20,G2>5,0)`

按<Enter>键确认。

双击 H2 单元格右下角的填充柄,向下
复制填充公式。

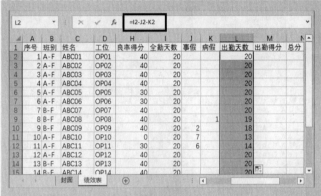

④ 选中 L2 单元格,输入如下公式。

`=I2-J2-K2`

按<Enter>键确认。

双击 L2 单元格右下角的填充柄,向下
复制填充公式。

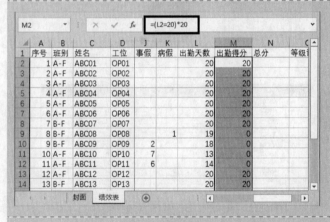

⑤ 选中 M2 单元格,输入如下公式。

`=(L2=20)*20`

按<Enter>键确认。

双击 M2 单元格右下角的填充柄,向下
复制填充公式。

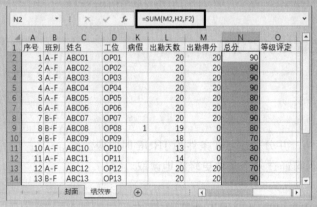

⑥ 选中 N2 单元格,输入如下公式。

`=SUM(M2,H2,F2)`

按<Enter>键确认。

双击 N2 单元格右下角的填充柄,向下
复制填充公式。

Step 5　缩写评定标准

在适当单元格区域，编写绩效评定标准，如图所示。

Step 6　编写等级评定公式

① 选中 O2 单元格，输入如下公式。

`=IFS(N2>=90,"A+",N2>=85,"A",N2>=60,"B",N2<60,"C")`

按<Enter>键确认。

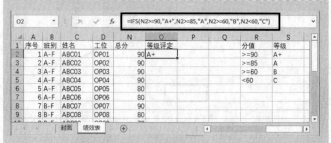

② 双击 O2 单元格右下角的填充柄，向下复制填充公式。

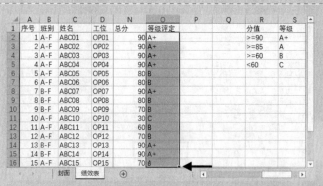

Step 7　美化工作表

① 设置字体和字号。

② 调整列宽。

③ 设置框线。

④ 取消网格线的显示。

关键知识点讲解

函数应用：IFS 函数

■ 函数用途

IFS 函数检查是否满足一个或多个条件，并分别返回在条件为 TRUE 时对应的值。

IFS 可以取代多个嵌套 IF 语句，并且可通过多个条件更轻松地读取。

■ 函数语法

IFS(logical_test1,value_if_true1,logical_test2,value_if_true2,...)

IFS(测试条件 1,真值 1,测试条件 2,真值 2,...)

□ 参数说明

logical_test　必需，为逻辑判断的条件。可以是计算结果为 TRUE 或 FALSE 的任何表达式。

value_if_true　必需，指定当第一参数结果为 TRUE 时返回的结果。

logical_test1　表示计算结果为 TRUE 或 FALSE 的任意值或表达式。

value_if_true1　当 logical_test1 的计算结果为 TRUE 时要返回结果。

若要对 IFS 函数指定默认结果，可在最后一个 logical_test 参数输入 TRUE 或是不为 0 的数值。如果不满足其他任何条件，则将返回指定的内容。

□ 函数说明

● 作为 IF 函数的一个升级版本，IFS 函数允许测试最多 127 个不同的条件，可以免去 IF 函数的过多嵌套。

● 如果找不到 TRUE 条件，则此函数将返回 #N/A!错误。

● Office 365 订阅用户才会有这个函数。

● IFS 函数的逻辑结构与 IF 函数有所不同。IF 函数的结构可以表达为"如果……则……否则"；而 IFS 函数的条件与返回的结果需要成对出现，即"如果条件 1，则结果 1；如果条件 2，则结果 2；……"，最多允许 127 个不同的条件。

□ 函数简单示例

	A	B	C	D	E
1	序号	星期		星期序号	星期？
2	1	星期一		4	
3	2	星期二			
4	3	星期三			
5	4	星期四			
6	5	星期五			
7	6	星期六			
8	7	星期日			

E2 单元格的计算公式如下。

```
=IFS(D2=1,B2,D2=2,B3,D2=3,B4,D2=4,B5,D2=5,B6,D2=6,B7,D2=7,B8,TRUE,"无此星期")
```

D2 单元格的数值是 4，所以 E2 单元格中返回的结果是"星期四"。条件可以连续写成多个，并且逻辑非常清晰。最后一个条件参数使用 TRUE，指定前面所有条件都不符合时要返回的内容"无此星期"。

□ 本案例公式说明

本案例中 F2 单元格的计算公式如下。

```
=IF(E2>=1,40,IF(E2>=0.9,30,10))
```

这是一个 IF 函数的两层嵌套。当 E2 单元格的数值大于等于 1 时，返回 40，否则继续执行 IF(E2>=0.9,30,10)部分；当 E2 单元格的数值大于等于 0.9 时，返回 30，否则返回 10。

本案例中 H2 单元格的计算公式如下。

```
=IFS(G2<=1,40,G2<=3,30,G2<=5,20,G2>5,0)
```

这里使用了 IFS 多条件判断。当 G2 单元格的值小于等于 1 时，返回 40；当 G2 单元格的值小于等于 3 时，则返回 30；当 G2 单元格的值小于等于 5 时，返回 20；当 G2 单元格的值大于 5 时，返回 0。

如果所使用的 Excel 版本中没有 IFS 函数，则可使用如下的 IF 函数。

```
=IF(G2<=1,40,IF(G2<=3,30,IF(G2<=5,20,0)))
```

本案例中 O2 单元格的计算公式如下。

```
=IFS(N2>=90,"A+",N2>=85,"A",N2>=60,"B",N2<60,"C")
```

这仍然是 IFS 多条件判断。当 N2 单元格的值大于等于 90 时，返回"A+"；当 N2 单元格的值大于等于 85 且小于 90 时，返回"A"；当 N2 单元格的值大于等于 60 且小于 85 时，返回"B"；否则，返回"C"。

如果所使用的 Excel 版本中没有 IFS 函数，则可使用如下的 LOOKUP 函数完成同样的判断。

```
=LOOKUP(N2,{0,60,85,90},{"C","B","A","A+"})
```

检测 N2 单元格的数值在{0,60,85,90}的哪个区间，并在第三参数{"C","B","A","A+"}中，返回与该区间对应的字符。

扩展知识点讲解

函数应用：LOOKUP 函数

函数用途

常用方法是在一行或一列中搜索值，并返回另一行或列中的相同位置的值。

LOOKUP 函数具有两种语法形式：向量和数组。本节只介绍向量形式，数组形式将在 6.2.1 小节的"扩展知识点讲解"中介绍。

如果需要	则参阅	用法
在单行区域或单列区域（称为"向量"）中查找值，然后返回第二个单行区域或单列区域中相同位置的值	向量形式	当要查询的值列表较大或者值可能会随时间而改变时，使用该向量形式
在数组的第一行或第一列中查找指定的值，然后返回数组的最后一行或最后一列中相同位置的值	数组形式	当查询的值列表较小或者值在一段时间内保持不变时，使用该数组形式

向量是只含一行或一列的区域。LOOKUP 的向量形式在单行区域或单列区域（称为"向量"）中查找值，然后返回第二个单行区域或单列区域中相同位置的值。当要指定包含要匹配的值的区域时，可使用 LOOKUP 函数的这种形式。

函数语法

LOOKUP(lookup_value,lookup_vector,[result_vector])

参数说明

lookup_value　必需。用数值或单元格号指定所要查找的值。可以是数字、文本、逻辑值、名称或对值的引用。

lookup_vector　必需。在一行或一列的区域内指定检查范围。

result_vector　可选。指定函数返回值的单元格区域。其大小必须与 lookup_vector 相同。

函数说明

● 如果 LOOKUP 函数找不到查找值，则该函数会与查询区域中小于或等于查询值的最大值进行匹配。

● 如果查询值小于查询区域中的最小值，则 LOOKUP 会返回#N/A 错误值。

● 该函数要求查询区域中的值必须按升序排列，但是实际使用时，使用变通的方法也可以不对查询数据进行排序处理。

■ 函数简单示例

示例一：

	A	B
1	频率	颜色
2	3.11	蓝色
3	4.59	绿色
4	5.23	黄色
5	5.89	橙色
6	6.71	红色

示例	公式	说明	结果
1	=LOOKUP(4.59,A2:A6,B2:B6)	在 A 列中查找 4.59，然后返回列 B 中同一行内的值	绿色
2	=LOOKUP(5.00,A2:A6,B2:B6)	在 A 列中查找 5.00，与接近它的最小值(4.59)匹配，然后返回列 B 中同一行内的值	绿色
3	=LOOKUP(7.77,A2:A6,B2:B6)	在 A 列中查找 7.77，与接近它的最小值(6.71)匹配，然后返回列 B 中同一行内的值	红色
4	=LOOKUP(0,A2:A6,B2:B6)	在 A 列中查找 0，因为 0 小于 A2:A7 单元格区域中的最小值，所以返回错误值	#N/A

示例二：

	A	B	C	D	E
1	业务区	业务区号		业务区号	业务区
2	方井站	5		1	建宁站
3	天台站	6			
4	刘东站	9			
5	朝周站	7			
6	长山站	8			
7	苏友站	4			
8	建宁站	1			
9	雾宝站	2			
10	国友站	3			

在 E2 单元格输入以下数组公式（即按<Ctrl+Shift+Enter>确认）。

```
=LOOKUP(1,0/(B2:B10=D2),A2:A10)
```

公式的思路为：利用 LOOKUP(1,0/"条件","区域")模型进行筛选。

以 0 除以查找条件后将得到由 0 和错误值#DIV/0！构成的内存数组{#DIV/0!;#DIV/0!;#DIV/0!;#DIV/0!;#DIV/0!;#DIV/0!;0;#DIV/0!;#DIV/0!}，LOOKUP 函数将在该数组中查找小于 1 的最大值 0 出现的位置。如果存在一个以上的 0 时，将得到最后一个 0 在数组中的位置。最后返回"区域"中与 0 值位置相对应的值；如果未找到结果，则返回错误值#N/A。

所以，在本示例中，只要给定的业务站号是正确的，将返回对应的业务站名称。

5.2　工单工时计算

案例背景

在生产过程中，需要计算某个工单从开始生产到生产结束所用小时数，收集这样的数据可以给后续的作业提供参考和帮助。

关键技术点

要实现本例中的功能，读者应当掌握以下 Excel 技术点。

- 时间的相关计算
- 函数的应用：ROUND 函数

最终演示效果

工单号码	开始时间	结束时间	所用小时数
Job-1	2017/09/19 7:00:00	2017/09/19 16:21:00	9.4
Job-1	2017/09/19 7:30:00	2017/09/19 13:31:00	6
Job-1	2017/09/19 7:30:00	2017/09/19 18:00:00	10.5
Job-1	2017/09/19 17:30:00	2017/09/21 16:44:00	47.2

工单工时计算

示例文件

\示例文件\第 5 章\工单工时计算.xlsx

Step 1 创建工作簿并输入文本

创建新工作簿并将其命名为"工单工时计算"，输入相应的文本。

Step 2 设置数字格式

① 选中单元格区域 B2:C5，单击"开始"选项卡中"数字"组中的"对话框启动器"按钮。

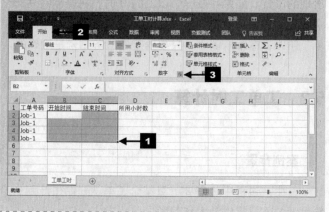

② 在弹出的"设置单元格格式"对话框的"数字"项中的"分类"中，单击"自定义"，在"类型"编辑框中输入以下代码。

`yyyy/mm/dd h:mm:ss`

单击"确定"按钮完成设置。

Step 3 输入时间

在"开始时间"和"结束时间"相应区域输入相关的时间。

Step 4 编写公式

① 在 D2 单元格中输入以下公式。

`=ROUND((C2-B2)*24,1)`

按<Enter>键确定。

② 双击 D2 单元格右下角的填充柄，向下复制填充公式。

Step 5 美化工作表

① 设置字体、字号和居中。

② 调整列宽。

③ 设置框线。

④ 取消网格线的显示。

■ 本例公式说明

本案例中 D2 单元格中的公式如下。

```
=ROUND((C2-B2)*24,1)
```

由于每天有 24 小时，即每个小时占每天的 1/24，而时间相减后仍然是时间，所以需要再乘以 24 变成数值，然后用 ROUND 函数将所得结果四舍五入到 1 个小数位。

第 6 章　仓储管理

Excel 2016 高效办公

　　仓储管理包括入库、出库和库房管理。本章以小规模企业的简易出入库表为例，介绍如何快速筛选出符合条件的数据、统计和汇总库存数据，并且利用邮件合并制作物料标示卡，以及利用各种 Excel 工具查询和汇总相关出入库数据。

6.1 物料在库管理

案例背景

企业需要制作库存清单报表的时候，往往需要从清单中筛选符合条件的数据记录，以便对库存进行进一步处理，或为领导提供进一步决策的依据。

关键技术点

要实现本例中的功能，读者应当掌握以下 Excel 技术点。

- 筛选
- 高级筛选

最终效果展示

Item	Rev	U/M	Description	Lot	Location	Bonded	On Hand	Cost	Total Cost	Receiptdate
5QK020	SS	SHT	描述1977	17050207	Loc338	Non	2,034.00	81.53163	165,835.34	5/2/2017
5QK040	SS	SHT	描述1978	17060766	Loc131	Non	6,894.00	12.27264	84,607.59	6/7/2017
5QKSX25	SS	SHT	描述1982	16012225	Loc330	Non	1,531.00	49.84242	76,308.74	1/22/2016
5QKSX25	SS	SHT	描述1982	16021510	Loc231	Non	1,280.00	25.49365	32,631.87	2/15/2016
5U004	SS	PCS	描述8207	13040317	Loc1225	Non	11,466.00	72.25658	828,493.95	6/21/2016
5U004	SS	PCS	描述8207	16090938	Loc1225	Non	2,917.00	14.72892	42,964.27	11/2/2016
5U004	SS	PCS	描述8208	16090938	Loc1225	Non	943.00	111.24485	104,903.90	10/24/2016
5U0SX25	SS	PCS	描述8209	10061831	Loc1225	Non	6,061.00	73.74481	446,967.32	12/28/2016
5U0SX25	SS	PCS	描述8209	10061831	Loc1225	Non	8,392.00	15.34686	128,790.83	12/28/2016
XCV300	SS	PCS	描述8213	14103032	Loc1225	Non	2,907.00	0.75223	2,186.74	12/28/2016
4XC30XC302	SS	PCS	描述8291	14053106	Loc1225	Non	1,720.00	6.52884	11,229.61	6/3/2014
2XCVSXXC303	SS	PCS	描述8292	15110283	Loc1225	Non	9,735.00	14.70024	143,106.82	9/1/2016
2CSX020	SS	PCS	描述8308	16062821	Loc1225	Non	2,697.00	111.59680	300,976.56	7/14/2016
2CSX020	SS	PCS	描述8311	16110214	Loc1225	Non	8,565.00	86.20656	738,359.16	3/14/2017
2CSX020	SS	PCS	描述8313	17053117	Loc1225	Non	6,588.00	102.15746	673,013.33	6/1/2017
2CSX020	SS	PCS	描述8319	16052403	Loc1225	Non	3,475.00	3.70652	12,880.17	6/9/2017
2CSX020	SS	PCS	描述8320	16062821	Loc1225	Non	1,144.00	51.12719	58,489.51	7/14/2016

两列"或"关系的高级筛选

示例文件

\示例文件\第 6 章\库存整理中的筛选功能.xlsx

6.1.1 库存管理中的物料筛选功能

企业需要制作库存清单报表的时候，往往需要从清单中筛选符合条件的数据记录。Excel 的筛选功能可帮助我们轻松解决这些问题。

物料筛选

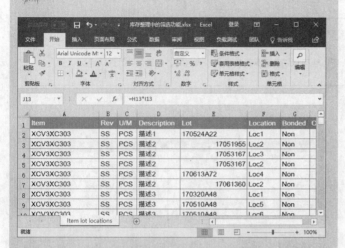

Step 1 打开目标文档

打开库存文档"库存管理中的筛选功能.xlsx"。

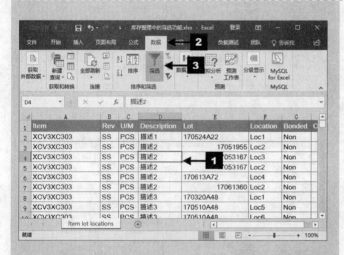

Step 2 启动筛选功能

① 选中数据区域任意单元格，如 D4 单元格，单击"数据"选项卡中"排序和筛选"组中的"筛选"按钮。

或按<Shift+Ctrl+L>组合键启动筛选功能。

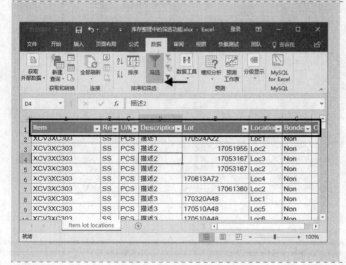

此时，功能区中的"筛选"按钮将呈现高亮显示状态，数据列表中所有字段的标题单元格中也会出现下拉箭头。

Excel 中的"表格"默认启用筛选功能，所以也可以将普通列表转换为"表格"，然后使用筛选功能。

② 单击每个字段的标题单元格中的下拉箭头，都将弹出下拉菜单，提供有关"排序"和"筛选"的详细选项。

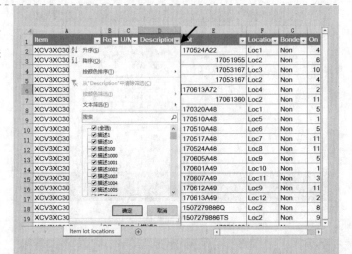

③ 若需要查看 D 列中"描述 100"的相关信息，只需在弹出的下拉菜单中先取消勾选"全选"复选框，然后勾选"描述 100"复选框即可。

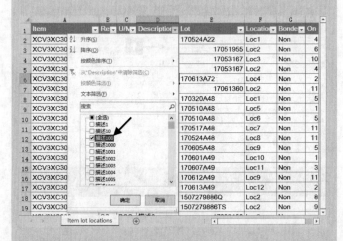

完成筛选后的数据列表如图所示。

④ 再次勾选"全选"复选框，即可还原所有数据。

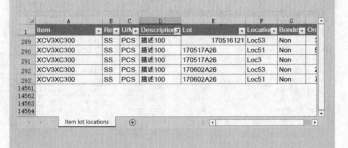

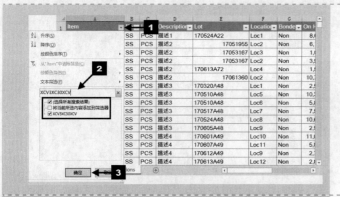

Step 3 搜索筛选

若需要筛选料号为"XCV3XC30XCV"的数据记录，可执行如下操作。

① 单击"Item"字段右下角的下拉箭头，在弹出的下拉菜单的"搜索"框中输入"XCV3XC30XCV"，筛选条目如图所示。

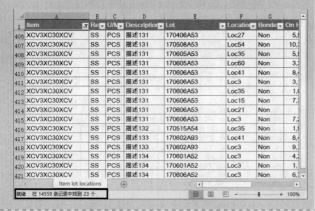

② 单击"确定"按钮后，就完成了数据的筛选，Excel 找到 23 条符合要求的数据记录，如图所示。

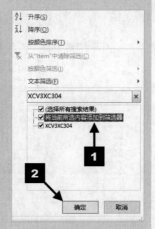

Step 4 "筛选器"的使用

若在 Step 3 的基础上，还需要把"XCV3XC304"的数据筛选出来，可使用"筛选器"功能。

① 在第一次筛选时，已经建立了一个筛选器。步骤同 Step 3。

② 在"搜索"文本框中输入第二次需要筛选的条目名称，然后勾选"将当前所选内容添加到筛选器"复选框，单击"确定"按钮。

从图中可以看到 Excel 筛选出 88 条符合要求的数据记录，既有"XCV3XC30XCV"的数据记录，也有"XCV3XC304"的数据记录。

Step 5 模糊搜索筛选

当用户需要在"料号"中筛选出所有包括"3XC"字符的数据记录时,操作步骤如下。

① 单击"料号"字段右下角的下拉箭头,在弹出的下拉菜单中的"搜索"文本框中输入"3XC"(这里字母不区分大小写)。

② 单击"确定"按钮,完成筛选。

Step 6 使用搜索框精确筛选

用户现在需要在"Location"列中筛选数据为"Loc1"的数据记录,若直接在搜索框中输入"Loc1",则会出现如图所示的结果。

显然这并不是用户所需要的。

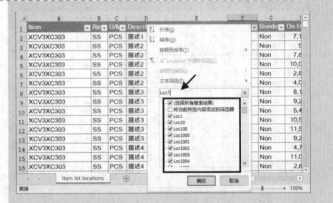

Step 7 文本筛选

若筛选的列中包含大部分文本,则可以使用"文本筛选"功能。

① 单击 Item 字段右下角的下拉箭头,在弹出的下拉菜单中单击"文本筛选",在弹出的菜单中可看到有"等于""不等于""开头是""结尾是""包含""不包含""自定义筛选"等多种方式供用户进行选择。

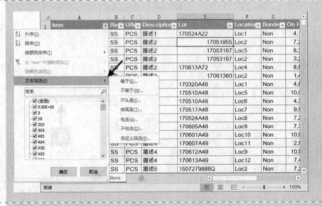

② 如需要筛选结尾是"300"的数据记录,可在弹出的菜单中单击"结尾是"。

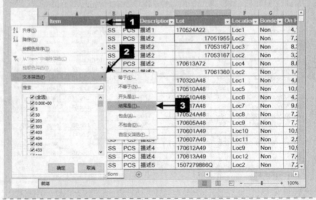

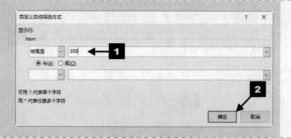

③ 在"自定义自动筛选方式"对话框的"结尾是"编辑框中输入"300"，单击"确定"按钮。

如图所示，Excel 筛选出 222 条符合要求的数据记录。

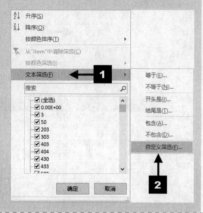

④ 在"自定义筛选"时，可以使用通配符"*"和"?"来设定条件。如在"Item"列中筛选"5Z"开头或非"4JE"开头的数据记录。

按图所示单击"自定义筛选"选项。

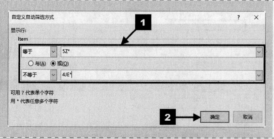

⑤ 在"自定义自动筛选方式"对话框的"显示行"编辑框中，上面选择"等于"，在右侧的编辑框中输入"5Z*"；逻辑关系单击"或"单选钮；下面选择"不等于"在右侧的编辑框中输入"4JE*"，单击"确定"按钮。

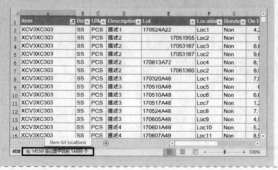

如图所示，符合条件的数据记录有14499 条。

同样的，在搜索框中进行搜索时，也可以使用通配符。

Step 8 数字筛选

对数字列筛选时，"数字筛选"中有多种选项对数字项进行精确筛选。如需要筛选出"前10项"，步骤如下。

① 单击 Lot 列右下角的下拉箭头，在弹出的菜单中依次单击"数字筛选"→"前10项"。

② 在"自动筛选前10个"的对话框中，"显示"的设置依次为"最大""10""项"，然后单击"确定"按钮。

Excel 筛选出符合条件的 10 条数据记录，如图所示。

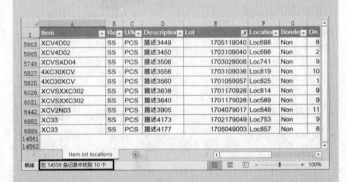

Step 9 按颜色进行筛选

若列表中的单元格设置了填充颜色或者字体颜色，Excel 还提供了按颜色筛选的功能。如需要筛选出"On Hand"列中的浅蓝色单元格，步骤如下。

单击"On Hand"列右下角的下拉箭头，在弹出的菜单中依次单击"按颜色筛选"→"按单元格颜色筛选"→"浅蓝色"。

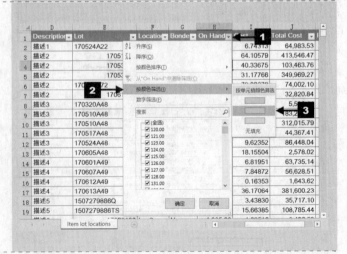

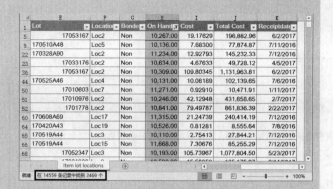

Excel 筛选出符合条件的 2469 条数据记录，如图所示。

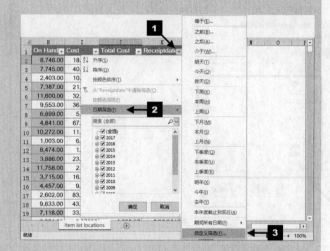

Step 10　按日期进行筛选

对日期数据的筛选，Excel 还提供了多种选项。如需要筛选出 "Receiptdate" 列中 "2017 年 6 月" 与 "2018 年 6 月" 之间的数据记录，步骤如下。

① 单击 Receiptdate 列右下角的下拉箭头，在弹出的菜单中依次单击 "日期筛选" → "自定义筛选"。

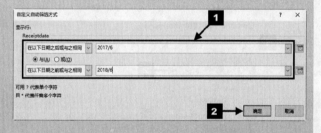

② 在弹出的 "自定义自动筛选方式" 对话框中，按图所示设置所需日期，逻辑关系为 "与"，单击 "确定" 按钮。

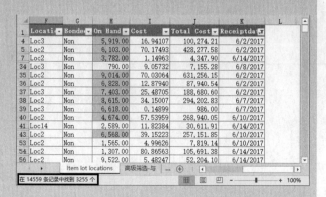

Excel 筛选出符合条件的数据记录 3255 条，如图所示。

 日期筛选的分组设置

在 Excel 提供的日期筛选列表中，并没有直接显示具体的日期，而是以年、月、日分组后的分层形式显示。如图所示。

若希望取消筛选菜单中的日期分组状态，以便可以按具体的值进行筛选，可以按如下步骤操作。

① 单击"文件"选项卡，在弹出的界面中单击"Excel 选项"。

② 在"Excel 选项"对话框中的菜单中单击"高级"，在"此工作簿的显示选项"区域取消勾选"使用'自动筛选'菜单分组日期"复选框，单击"确定"按钮。

筛选搜索框中的条目最多显示10000 条不重复值的数据。

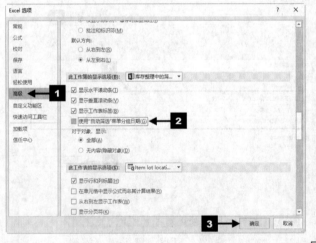

Step 11 高级筛选——两列条件"与"

若需要筛选出"Item"中包含"5QK"且"Location"中结尾是"330"的数据,可使用高级筛选,它是自动筛选的升级。操作步骤如下。

① 设置条件区域。为了避免在筛选时将条件区域隐藏起来,通常将条件设置在数据列表的上面或下面。

在 A1:A2 单元格区域分别输入"Item"和"5QK",在 B1:B2 单元格区域分别输入"Location"和"*330"。

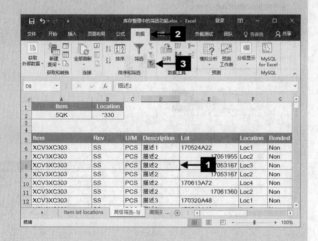

② 将光标定位在表格中任意单元格,如 D8 单元格,然后在"数据"选项卡中单击"高级筛选"按钮。

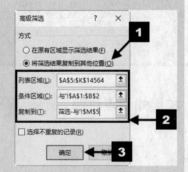

③ 在弹出的"高级筛选"对话框中,单击"将筛选结果复制到其他位置"单选钮,在"列表区域"编辑框中自动选中"$A$5:$K$14564",在"条件区域"编辑框中输入"$A$1:$B$2",在"复制到"编辑框中输入"M5",此时引用范围会自动添加工作表名称,然后单击"确定"按钮。

Excel 筛选出符合条件的数据记录有 1 条,如图所示。

Step 12 高级筛选——两列条件"或"

若需要筛选出"Item"中包含"5QK"或"Location"中结尾是"1225"的数据，操作步骤如下。

① 在 A1:A2 单元格区域分别输入"Item"和"5QK"，在 B1 单元格输入"Location"，在 B3 单元格中输入"*1225"。

② 在弹出的"高级筛选"对话框中，单击"将筛选结果复制到其他位置"单选钮，在"列表区域"编辑框中自动选中"$A$5:$K$14564"，在"条件区域"编辑框中输入"$A$1:$B$3"，在"复制到"编辑框中输入"M6"，然后单击"确定"按钮。

Excel 筛选出符合条件的数据记录有 17 条，如图所示。

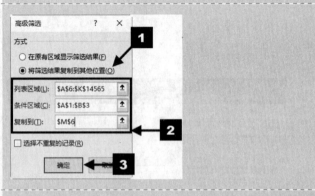

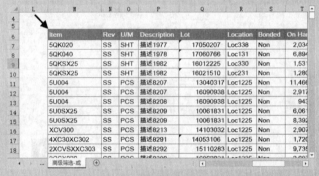

<hr />

扩展知识点讲解

1. 高级筛选的筛选条件设置规则

运用"高级筛选"功能时，最重要的一步是设置筛选条件。高级筛选的条件设置需要按照一定的规则手工编辑到工作表中。一般情况下，将条件区域置于原表格的上方，这将有利于条件的编辑以及表格数据筛选结果的显示。

在编辑条件时，必须遵循以下规则。

（1）条件区域的首行必须是标题行，其内容必须与目标表格中的列标题匹配。但是条件区域标题行中内容的排列顺序与出现次数，都可以不必与目标表格中相同。

（2）条件区域标题行下方为条件值的描述区，出现在同一行的各个条件之间是"与"的关系，出现在不同行的各个条件之间则是"或"的关系。

2. 高级筛选中通配符的运用

在为高级筛选设置文本条件时，可以使用通配符。

● 星号 "*" 表示可以与任意多的字符相匹配。
● 问号 "？" 表示只能与单个的字符相匹配。

3. 高级筛选中使用计算条件

所谓的"计算条件"指的是条件根据数据列表中的数据以某种算法计算而来。使用计算条件可以使高级筛选功能更加强大。

如下图所示，需要在数据列表中将"顾客"列中含有"天津"的，在 1980 年出生，且"产品"列中第一个字母为 G、最后一个字母为 S 的产品数据筛选出来，并显示在其他区域。具体的操作步骤如下。

顾客	身份证	产品	总计
北京高洁	36032019810 1511	Good*Eats	302
天津刘坤	3063201980 1512	GokS	530
上海花花	3251561982 1511	Good*Treats	223
天津杨鑫豪	36032019800 1000	GBIES	363
南京肖炜	3063201980 1512	Cookies	478
四川宋炜	36032019840 1511	Milk	191
杭州张林波	36032019870 1511	Bread	684
重庆李冉	3063201980 1512	GdS	614
北京高洁	36032019870 1512	Good*Eats	380
北京高洁	36032019860 1511	Bread	120
上海花花	36032019850 1511	Milk	174
天津毕春艳	3063201980 1512	Gookies	48
天津毕春艳	3063201980 1512	Gookies	715
天津刘坤	3063201980 1512	GokS	561
天津杨鑫豪	36032019800 1000	Cake	468
天津刘坤	3063201980 1512	GokS	746

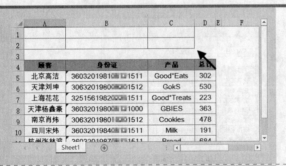

Step 1 设置筛选条件

① 在数据列表上方的 A1:C2 单元格区域中设置筛选条件，为 A1:C2 单元格区域设置单元格格式。

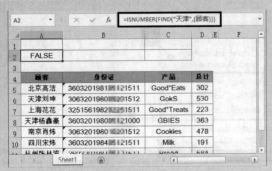

② 在 A2 单元格中输入以下公式，按<Enter>键确认。

`=ISNUMBER(FIND("天津",(顾客)))`

或

`=ISNUMBER(FIND("天津",A5))`

公式通过在"顾客"字段中寻找"天津"并做出数值判断。公式中的 A5 是该字段标题行下的第一个单元格。

③ 在 B2 单元格中输入以下公式，
按<Enter>键确认。

`=MID(B5,7,4)="1980"`

公式通过在"身份证"字段中第 7 个字
符开始截取 4 位字符来判断是否等于
"1980"。

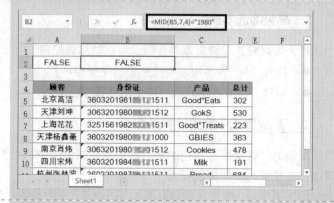

④ 在 C2 单元格中输入以下公式，
按<Enter>键确认。

`=COUNTIF(C5,"G*S")`

或

`=COUNTIF((产品),"G*S")`

公式通过在"产品"列中对包含"G*S"，
即第一个字母为 G，最后一个字母为 S
的产品计数，来判断是否第一个字母为
G，最后一个字母为 S。如果 COUNTIF
的结果等于 1，则符合条件，否则即是
不符合条件。

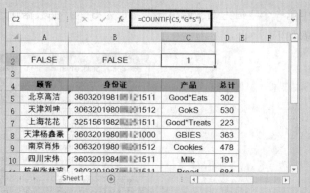

Step 2 启动高级筛选

将光标定位在表格中任意单元格，如
B4 单元格，然后在"数据"选项卡中
单击"高级筛选"按钮。

Step 3 设置高级筛选对话框

在弹出的"高级筛选"对话框中，单击
"将筛选结果复制到其他位置"单选钮，
在 "列表区域" 编辑框中自动选中
"$A$4:$D$20"，在"条件区域"编辑
框中输入 "$A$1:$C$2"，在"复制到"
编辑框中输入 "$F$5"，然后单击"确
定" 按钮。

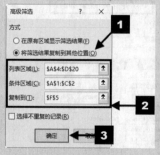

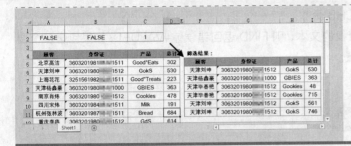

Excel 筛选出符合条件的数据记录有 6 条，如图所示。

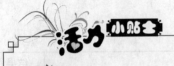

技巧 高级筛选使用公式计算时的条件区域设置规则

条件区域是 A1:C2 单元格区域，没有使用数据列表中的标题，而是使用空白标题，Excel "高级筛选" 功能在使用计算条件时，允许使用空白字段或创建一个新的字段标题，而不允许使用与数据列表中同名的字段标题。

① 使用数据列表中首行数据来创建计算条件的公式，数据引用要使用相对引用而不能使用绝对引用。

② 如果计算公式引用到数据列表外的同一单元格的数据，公式中要使用绝对引用而不能使用相对引用。

扩展知识点讲解

1. 函数应用：ISNUMBER 函数

■ 函数用途

ISNUMBER 函数检测一个值是否为数值。

■ 函数说明

● 使用 ISNUMBER 函数检测参数中指定的对象是否为数值。检测对象是数值时，返回 TRUE；不是数值时，返回 FALSE。

2. 函数应用：FIND 函数

■ 函数用途

FIND 函数返回一个字符串在另一个字符串中首次出现的位置。

■ 函数语法

FIND(find_text,within_text,[start_num])

■ 参数说明

find_text 　　必需。要查找的文本或文本所在的单元格。

within_text 　　必需。包含要查找文本的字符串。

start_num 　　可选。指定开始进行查找字符的位置；省略该参数时，默认从第一个字符开始查找。

■ 函数说明

● 如果直接输入要查找的文本，需用双引号引起来，否则将返回错误值#NAME?

● FIND 区分大小写，并且不允许使用通配符。如果不希望执行区分大小写的搜索或使用通配符，则可以使用 SEARCH 和 SEARCHB 函数。

● 如果在查询单元格中没有要查找的文本，则 FIND 返回错误值#VALUE!；如果包含多个要查找的文本，将返回第一次出现的位置。

■ 函数简单示例

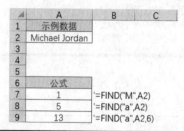

示例	公式	说明	结果
1	=FIND("M",A2)	A2 字符串中第 1 个 "M" 的位置	1
2	=FIND("a",A2)	A2 字符串中第 1 个 "a" 的位置	5
3	=FIND("a",A2,6)	A2 字符串中从第 6 个字符开始查找 "a" 的位置，返回的结果仍然是从 A2 第一个字符开始计算	13

3. 函数应用：MID 函数

■ 函数用途

从字符串中指定的位置起返回指定长度的字符。

■ 函数语法

MID(text,start_num,num_chars)

■ 参数说明

text　是包含要提取字符的文本字符串。

start_num　是文本中要提取的第一个字符的位置。1 表示从文本中的第一个字符的开始，以此类推。

num_chars　指定希望 MID 从文本中返回字符的个数。

■ 函数说明

● 如果要提取的位置大于文本长度，则 MID 返回空文本（""）。

● 如果要提取的位置加上要提取的字符长度超过了文本本身的长度，则 MID 只返回至多直到文本末尾的字符。

■ 函数简单示例

示例	公式	说明	结果
1	=MID(A2,1,5)	从 A2 单元格中的第 1 个字符开始，提取 5 个字符	Beaut
2	=MID(A2,7,20)	从 A2 单元格中的第 7 个字符开始，提取 20 个字符。由于提取位置加上要提取的字符长度超出了 A2 本身的长度，所以返回从第 7 个字符开始直到 A2 末尾的字符串	ful flowers
3	=MID(A2,20,5)	因为要提取的第 1 个字符的位置大于 A2 单元格字符串的长度，所以返回空文本""	

6.1.2　统计和汇总库存数据

案例背景

企业需要制作库存清单报表的时候，对库存数据的统计和汇总是一项繁杂的任务。

关键技术点

要实现本例中的功能，读者应当掌握以下 Excel 技术点。

- SUMIF 函数
- SUMIFS 函数
- COUNTIF 函数
- COUNTIFS 函数

最终效果展示

Item	Qty On Hand	Item	Location	Total	总共有多少不同库位不同批次	批定料号批定库位有多少批次
XCV2XC303	168646	XCV3XCV02|10789	Loc559	10106	3	1
4VSXXC305	76220	5XC3F03SX|10531	Loc390	8042	3	1
2MSXXC302	14828	450XC30SX|24106	Loc313	8807	3	1
50DSXSXSX	2977	XCV0D0SX2|38497	Loc214	6398	3	1
2LSXXC302	24027	XCVSX0SX0|35681	Loc749	4026	3	1
XCV7SX020	11517	XCVRXC302|11891	Loc98	7465	3	1
XCVYFC0SX	95539	XCV3XC303|13936	Loc2	6578	2	1
XCV0CXC32	156042	XCV3XCV02|34248	Loc24	10357	2	1
XCSD005SX	16910	4VSXXC305|43060	Loc73	939	2	1
XCV0XC3S2	22069	XCVTG0SX0|33557	Loc627	8520	2	1
XCV4XC302	28729					
47XC3XC32	16337					
XCV2C0SX0	37718					
XCVR00SX0	32018					
5XC3F03SX	59729					
XCV3XC303	725537					
XCV3XC303	725537					
XCV3XC300	810764					
XCV3XC303	725537					
5ZLXC3SX2	3717					
XCV4XC303	115096					
XCVUK00SX	23735					
XCV3XCV02	238420					
XCV3ED0SX	46531					
XCVSXP007	9551					
XCV3XCV02	238420					
XCV3XC300	810764					

统计和汇总库存数据

示例文件

\示例文件\第 6 章\统计和汇总库存数据.xlsx

接下来在库存物料清单中，需要按指定料号统计出其总库存量，具体的操作步骤如下。

Step

Step 1 打开目标工作簿

打开"统计和汇总库存数据.xlsx"工作簿，需要在工作表"collect"中编写公式，根据给定料号计算出其总库存量等信息。

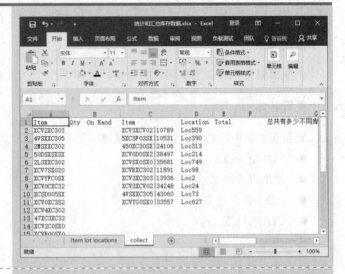

Step 2 编写公式一

① 在 B2 单元格中输入如下公式，按<Enter>键确认。

```
=SUMIF('Item lot locations'!$A$2:$A$1626,
collect!A2&"*",'Item lot locations'!
$H$2:$H$1626)
```

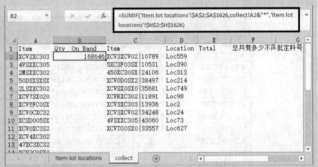

② 双击 B2 单元格右下角的填充柄，向下复制填充公式。

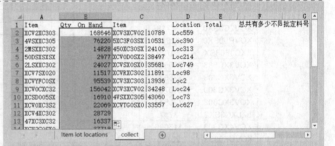

Step 3 编写公式二

① 在 E2 单元格中输入如下公式，按<Enter>键确认。

```
=SUMIFS('Item lot locations'!$H$2:$H$1601,
'Item lot locations'!$A$2:$A$1601, collect!
C2&"*",'Item lot locations'!$F$2:
$F$1601,collect!D2)
```

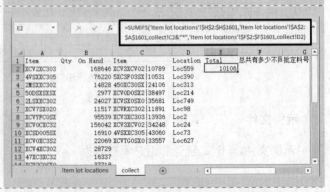

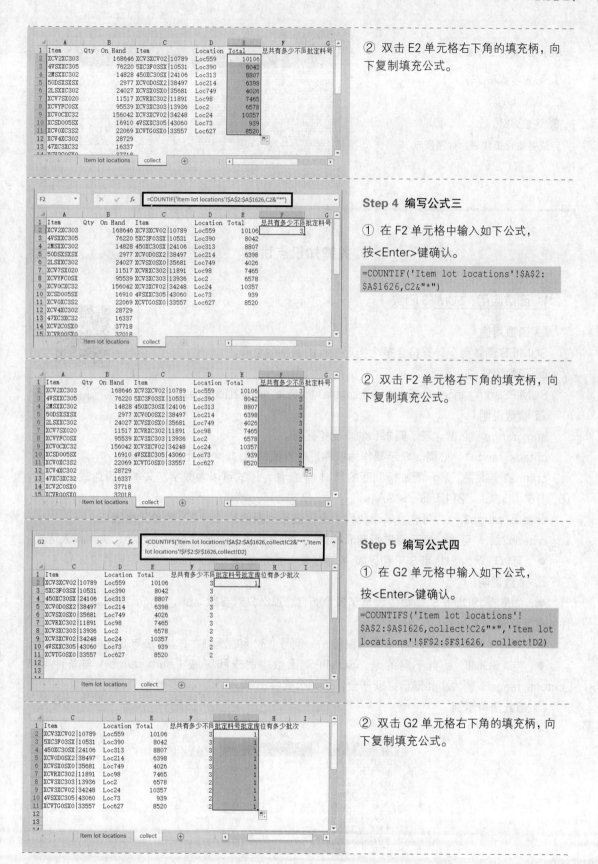

② 双击 E2 单元格右下角的填充柄，向下复制填充公式。

Step 4 编写公式三

① 在 F2 单元格中输入如下公式，按<Enter>键确认。

=COUNTIF('Item lot locations'!$A$2:$A$1626,C2&"*")

② 双击 F2 单元格右下角的填充柄，向下复制填充公式。

Step 5 编写公式四

① 在 G2 单元格中输入如下公式，按<Enter>键确认。

=COUNTIFS('Item lot locations'!$A$2:$A$1626,collect!C2&"*",'Item lot locations'!$F$2:$F$1626, collect!D2)

② 双击 G2 单元格右下角的填充柄，向下复制填充公式。

Step 6 美化工作表

① 设置字体和字号。

② 添加边框。

③ 调整列宽。

完成并美化工作表，如图所示。

关键知识点讲解

1. 函数应用：SUMIFS 函数

SUMIFS 和 COUNTIFS
函数

■ 函数用途

SUMIFS 函数用于计算符合多个指定条件的数字的总和。

■ 函数语法

SUMIFS(sum_range,criteria_range1,criteria1,[criteria_range2],[criteria2],…)

■ 参数说明

sum_range　必需。表示要求和的单元格区域。

criteria_range1　必需。表示要作为条件进行判断的第 1 个单元格区域。

criteria1　必需。表示要进行判断的第 1 个条件，形式可以为数字、文本或表达式。例如，16、"16"、">16"、"图书" 或 ">"&A1。

criteria_range2,…　可选。表示要作为条件进行判断的第 2~127 个单元格区域。

criteria2,…　可选。表示要进行判断的第 2~127 个条件，形式可以为数字、文本或表达式。

● 可以理解为 SUMIFS(求和区域,条件区域 1,指定条件 1,条件区域 2,指定条件 2,…)。

■ 函数说明

● 如果在 SUMIFS 函数中设置了多个条件，那么只对参数 sum_range 中同时满足所有条件的单元格进行求和。

● 可以在参数 criteria 中使用通配符——问号（?）和星号（*），用法与 SUMIF 函数相同。

● 与 SUMIF 函数不同的是，SUMIFS 函数中的求和区域（sum_range）与条件区域（criteria_range）的大小和形状必须一致，否则公式会出错。

■ 函数简单示例

	A	B	C	D	E
1	业务员	销售额		汇总15000~25000销售额	90650
2	王远芳	25789			
3	李艳飞	23667			
4	裴永飞	16044			
5	宋娇	17048			
6	黄杰	12520			
7	乔春燕	18193			
8	李艳平	11472			
9	张向红	26638			
10	李晶	15698			

以下为 E2 单元格的计算公式。

```
=SUMIFS(B2:B10,B2:B10,">=15000",B2:B10,"<=25000")
```

公式使用两个区域/条件对,用于汇总销售额大于等于 15000,同时小于等于 25000 的销售总额。

2. 函数应用: COUNTIFS 函数

□ 函数用途

COUNTIFS 函数用于计算多个区域中满足给定条件的单元格的个数,可以同时设定多个条件。

□ 函数语法

COUNTIFS (criteria_range1,criteria1,criteria_range2,criteria2,…)

□ 参数说明

criteria_range1　为第一个需要计算其中满足某个条件的单元格数目的单元格区域(简称条件区域)。

criteria1　为第一个区域中将被计算在内的条件(简称条件),其形式可以为数字、表达式或文本。

criteria_range2　为第二个条件区域,criteria2 为第二个条件,依此类推。最终结果为多个区域中满足所有条件的单元格个数。

□ 函数说明

● COUNTIFS 的用法与 COUNTIF 函数类似,但 COUNTIF 函数只针对单一条件,而 COUNTIFS 可以实现同时符合多个条件的计数。

● COUNTIFS 后面的括号可以加多个条件,但每个条件都需要成对出现,一个是单元格区域,另外一个就是判断条件。

□ 函数简单示例

▲	A	C	E	F	G	H	I	J	K	L
1	序号	姓名	达成率	达成率得分	批退次数	良率得分	全勤天数	事假	病假	出勤天数
2	1	ABC01	90%	30	1	40	20			20
3	2	ABC02	93%	30	1	40	20			20
4	3	ABC03	95%	30	1	40	20			20
5	4	ABC04	91%	30	1	40	20			20
6	5	ABC05	92%	30	2	30	20			20
7	6	ABC06	93%	30	3	30	20			20
8	7	ABC07	95%	30	1	40	20			20
9	8	ABC08	100%	40	0	40	20		1	19
10	9	ABC09	98%	30	1	40	20	2		18
11	10	ABC10	97%	30	6	0	20	7		13
12	11	ABC11	93%	30	2	30	20	6		14
13	12	ABC12	89%	10	0	40	20			20
14	13	ABC13	93%	30	1	40	20			20
15	14	ABC14	95%	30	1	40	20			20
16	15	ABC15	91%	30	5	20	20			20

◀ … 绩效表 ⊕

示例	公式	说明	结果
1	=COUNTIFS(G2:G16,"<=1")	批退次数小于等于 1 次的人数	10
2	=COUNTIFS(F2:F16,">=30",L2:L16,">=20")	达成率大于等于 30 分且出勤天数大于等于 20 天的人数	10
3	=COUNTIFS(G2:G16,"<=1",F2:F16,">=30",L2:L16,">=20")	批退次数小于等于 1 次且达成率不低于 30 分且出勤天数大于等于 20 天的人数	7

☐ **本例公式说明**

以下为本案例中 B2 单元格的计算公式。

```
=SUMIF('Item lot locations'!$A$2:$A$1626,collect!A2&"*",'Item lot locations'!$H$2:$H$1626)
```

如果 Item lot locations 工作表$A$2:$A$1626 中，以 collect 工作表 A2 单元格中的料号开头，即对 Item lot locations 工作表$H$2:$H$1626 对应的数量汇总总和。

以下为本案例中 E2 单元格的计算公式。

```
=SUMIFS('Item lot locations'!$H$2:$H$1601,'Item lot locations'!$A$2:$A$1601,collect!
C2&"*", 'Item lot locations'!$F$2:$F$1601,collect!D2)
```

公式中的 "'Item lot locations'!$H$2:$H$1601" 部分是需要求和的单元格区域，"'Item lot locations'!$A$2:$A$1601" 部分是第一个需要条件判断的单元格区域，"collect!C2&"*"" 部分是指定的第一个求和条件；"'Item lot locations'!$F$2:$F$1601" 部分是第二个需要条件判断的单元格区域，"collect!D2" 部分是指定的第二个求和的条件。

把满足这两个条件的所有单元格的 H 列的对应数量汇总。

以下为本案例中 F2 单元格的计算公式。

```
=COUNTIF('Item lot locations'!$A$2:$A$1626,C2&"*")
```

这是单条件求单元格个数。即求'Item lot locations'!$A$2:$A$1626 单元格区域中所有以 C2 单元格内容开头的单元格个数。

以下为本案例中 G2 单元格的计算公式。

```
=COUNTIFS('Item lot locations'!$A$2:$A$1626,collect!C2&"*",'Item lot locations'!$F$2:
$F$1626, collect!D2)
```

这是多条件求单元格个数。公式中的 "'Item lot locations'!$A$2:$A$1626" 部分，是第一个指定的条件区域，第一个条件为 collect!C2；"'Item lot locations'!$F$2:$F$1626" 部分是第二个条件区域，第二个条件为 collect!D2。公式统计同时满足两个条件的单元格个数。

扩展知识点讲解

1. 函数公式里 "*" 的意义

"*" 原本是算术运算符，相当于数学里的乘号。但除了作为算术运算符，它还可以替代逻辑函数，表示逻辑 "且"，比如 AND 函数、OR 函数以及 IF 函数。举例如下。

A 列里存放员工性别，现要返回员工退休年龄，使用 IF 函数公式如下。

```
=IF(A1="女",55,60)
```

运用 "*" 来替代 IF 函数，换成如下公式。

```
=60-(A1="女")*5
```

该公式的逻辑思路为：若 A1 单元格里性别为 "女"，则逻辑值为真，返回数值 1，此时公式就相当于 "=60-1*5"，运算结果为 "55"；若 A1 单元格里性别为 "男"，则逻辑值为假，返回数值 0，此时公式相当于 "=60-0*5"，运算结果为 "60"。

而文本后的 "*" 则是通配符，表示无限多字符。如本案例中，collect!C2&"*"表示以 C2 开头的所有料号。

2. 函数公式里 "+" 的意义

"+" 原本是算术运算符，是数学里的加号。但除了作为算术运算符，它还可以替代逻辑函数，表示逻辑"或"，比如 OR 函数以及 IF 函数。举例如下。

众所周知，在 Excel 算术运算中，TRUE 和 FALSE 转换为整型后的值分别为 1 和 0。

从图中很容易看出，对于"+"操作，只有 FALSE+FALSE 才会返回 0（FALSE），因此"+"模拟了 OR 的效果，表示两个条件符合其一。

B2		× ✓ fx	=B$1+$A2		
▲	A	B	C	D	E
1	+	TRUE	FALSE		
2	TRUE	2	1		
3	FALSE	1	0		

6.1.3　邮件合并制作物料标示卡

案例背景

企业希望在库物料放置时能够有标示卡与其对应，而物料标示卡上最好有对应照片。用邮件合并功能可快速满足此要求。

除了制作标示卡外，实际工作中的类似需求还有很多，比如制作会员证、员工就餐卡等也可使用此方法。

邮件合并功能

关键技术点

要实现本例中的功能，读者应当掌握以下 Excel 技术点。

● 整理基本的物料信息表
● 邮件合并中加入图片（照片）的技术

最终效果展示

物料标示卡

物料	库位	名称	照片
SA-10	生产1部	A001	E:\\photo\\ SA-10.jpg
SD-12	生产2部	A002	E:\\photo\\ SD-12.jpg
SC-32	生产3部	A003	E:\\photo\\ SC-32.jpg
SF-22	生产4部	A004	E:\\photo\\ SF-22.jpg
SS-12	生产5部	A005	E:\\photo\\ SS-12.jpg
SA-12	生产1部	A006	E:\\photo\\ SA-12.jpg
SA-13	生产2部	A007	E:\\photo\\ SA-13.jpg
SF-32	生产3部	A008	E:\\photo\\ SF-32.jpg
SA-26	生产4部	A009	E:\\photo\\ SA-26.jpg
SA-28	生产5部	A010	E:\\photo\\ SA-28.jpg

物料信息表

示例文件

\示例文件\第 6 章\物料信息表.xlsx

本案例的实现由 3 个部分组成：先是创建物料信息表；然后创建物料标示卡文档；最后将前两者进行邮件合并，同时添加物料照片。

一、创建物料信息表

下面介绍物料信息表的创建。

Step 1 新建工作簿并输入文本

① 新建一个工作簿，将其保存并命名为 "物料信息表"。

② 输入部分基础信息。

Step 2 输入照片链接

① 选中 D2 单元格，输入如下公式，按 <Enter>确认。

```
="E:\\photo\\"&A2&".jpg"
```

假设本案例所要用到的物料照片直接存放在 "本地磁盘（E:）" 的 "photo" 文件夹里，因此描述物料照片的存放路径应该是 "E:\photo\\ SA-10.jpg"。读者可依据照片存放的具体位置来填写路径。

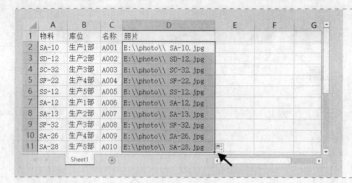

② 双击 D2 右下角的填充柄，向下复制填充照片路径。

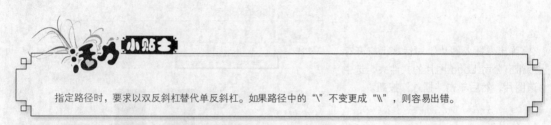

指定路径时，要求以双反斜杠替代单反斜杠。如果路径中的 "\" 不变更成 "\\"，则容易出错。

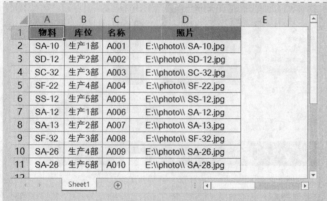

Step 3 美化工作表

① 设置字体、加粗、居中和填充颜色。

② 调整行高和列宽。

③ 绘制边框。

④ 取消编辑栏和网格线的显示。

二、创建"物料标示卡"Word 文档

有关物料标示卡的内容，本案例主要通过 Word 来实现。下面介绍如何建立物料标示卡文档。

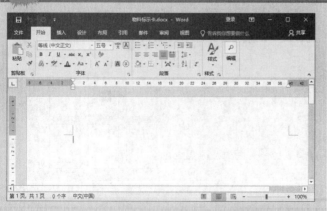

Step 1 创建新文档

启动 Word 2016，将系统新创建的文档 1 保存，并将其命名为"物料标示卡"。

Step 2 添加标示卡背景图片

① 在 Word 中切换到"插入"选项卡，在"插图"命令组中单击"图片"按钮。

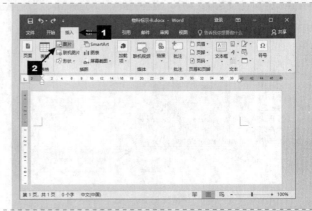

② 弹出"插入图片"对话框，打开存放带有公司 Logo 图片的文件夹，选中该图片，然后单击"插入"按钮。

此时该图片就被添加到 Word 中，效果如图所示。

Step 3 添加文本框

切换到"插入"选项卡，在"文本"命令组中单击"文本框"按钮，在弹出的菜单中选择"简单文本框"。

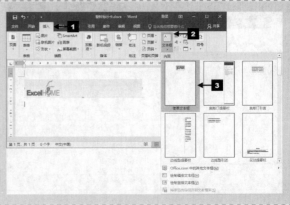

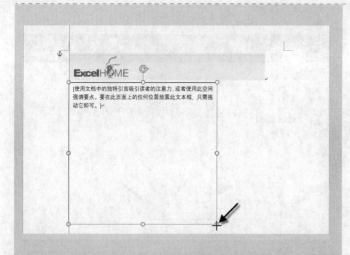

Step 4 调整文本框的位置和大小

① 选中文本框，当鼠标指针变成 形状时，按住鼠标左键拖动文本框至合适的位置。

② 选中文本框，将鼠标指针移至文本框的右下角，待鼠标指针变为 形状时向外拉动鼠标，待文本框调整至合适大小时，释放鼠标。

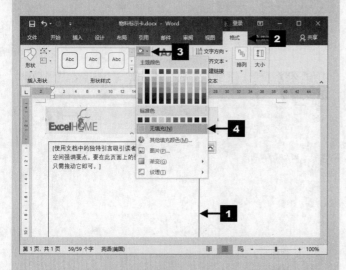

Step 5 设置文本框形状填充和形状轮廓

① 选中文本框后，单击"绘图工具—格式"选项卡，在"形状样式"命令组中单击"形状填充"按钮右侧的下箭头按钮，在弹出的下拉菜单中选择"无填充"命令。

② 在"形状样式"命令组中单击"形状轮廓"按钮右侧的下箭头按钮，在弹出的下拉菜单中选择"无轮廓"命令。

Step 6 在标示卡上设置文字并调整位置

在文本框中添加文字，并设置合适的字体和字号。

调整位置如图所示。

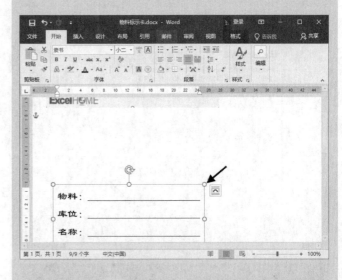

Step 7 绘制文本框

① 切换到"插入"选项卡，在"文本"命令组中单击"文本框"按钮，在弹出的下拉菜单中选择"绘制横排文本框"命令。

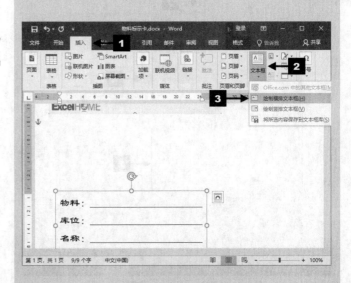

② 此时鼠标指针变成"＋"形状，在合适的位置拖动鼠标，绘制大小合适的文本框。

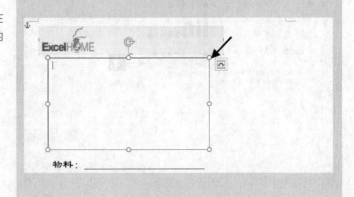

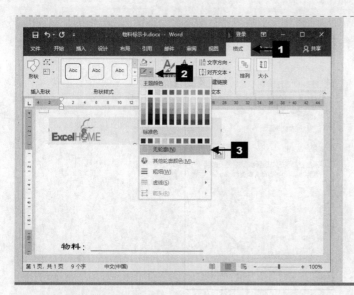

③ 选中文本框后，单击"绘图工具—格式"选项卡，在"形状样式"命令组中单击"形状轮廓"按钮右侧的下箭头按钮，在弹出的下拉菜单中选择"无轮廓"命令。

三、邮件合并中添加照片

完成了物料信息表和物料标示卡文档的制作，下面将介绍如何实现将物料信息表中的数据合并到物料标示卡，同时在物料标示卡里添加物料的照片。具体操作步骤如下。

Step 1 开始邮件合并

切换到"邮件"选项卡，在"开始邮件合并"命令组中单击"开始邮件合并"按钮右侧的下箭头按钮，在弹出的下拉菜单中选择"邮件合并分步向导"命令。

Step 2 选择文档类型

在"选择文档类型"下方单击"信函"单选钮，在最下方单击"下一步：开始文档"。

Step 3 选择开始文档

在"选择开始文档"下方单击"使用当
前文档",在最下方单击"下一步:选
择收件人"。

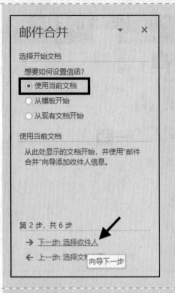

Step 4 选择收件人

① 在"选择收件人"下方默认选中"使
用现有列表",在"使用现有列表"下
方单击"浏览"按钮。

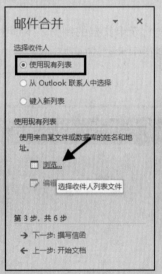

② 弹出"选取数据源"对话框,在电
脑相应路径中找到存放"物料信息
表.xlsx"的文件夹,单击"物料信息表",
然后单击"打开"按钮。

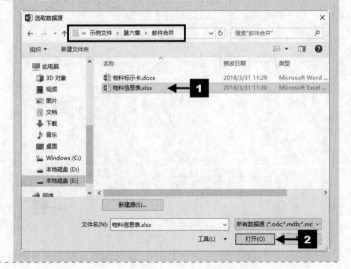

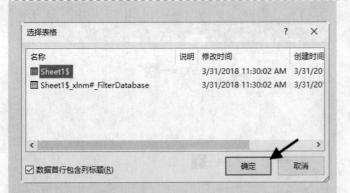

③ 在弹出的"选择表格"对话框中，选中存放数据的工作表名称，单击"确定"按钮。

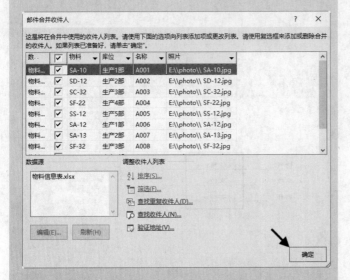

④ 弹出"邮件合并收件人"对话框，单击"确定"按钮。

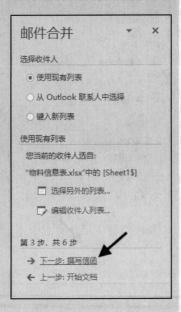

⑤ 返回"选择收件人"的"第3步，共6步"页面，在最下方单击"下一步，撰写信函"。

Step 5　编写和插入域

① 将鼠标指针置于"物料"后面的下划线上，在"编写和插入域"命令组中单击"插入合并域"按钮右侧的下箭头按钮，在弹出的列表中选择"物料"。此时，在该下划线上自动添加了"物料"合并域。

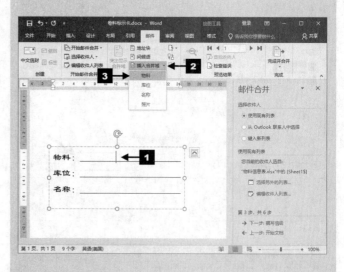

② 用类似的操作方法，将"库位""名称"合并域插入到相应的位置。

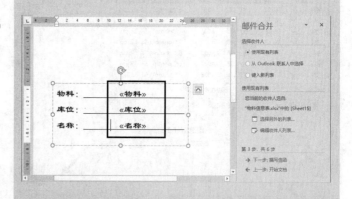

Step 6　撰写信函

在右侧的任务窗格的最下方"第3步，共6步"下单击"下一步：撰写信函"。

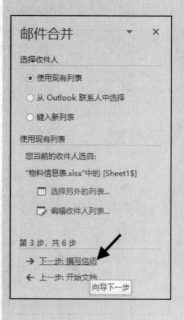

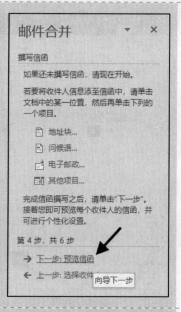

Step 7 预览信函

在右侧的任务窗格的最下方"第 4 步，共 6 步"下单击"下一步：预览信函"。

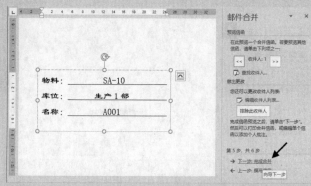

Step 8 完成合并

预览效果如图所示。

在右侧的任务窗格的最下方"第 5 步，共 6 步"下单击"下一步：完成合并"。

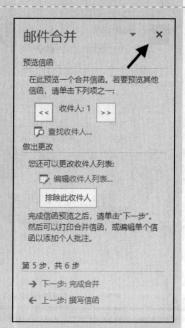

此时完成合并，已经可以使用"邮件合并"生成信函。

关闭"邮件合并"窗格。

Step 9 插入域

① 单击选中 Logo 下方的文本框，切换到"插入"选项卡，在"文本"命令组中单击"浏览文档部件"按钮 ，在弹出的下拉菜单中选择"域"。

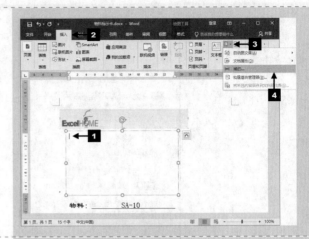

② 弹出"域"对话框，在"域名"下方的列表框中拖动右侧的滚动条，选中"IncludePicture"。

③ 在中间"域属性"下方的文本框中输入任意字符，如"abc"，单击"确定"按钮。

效果如图所示。

④ 单击照片插入的位置，按<Alt+F9>组合键显示插入域代码，接着单击照片位置的代码，然后拖动鼠标选中"abc"，如图所示。

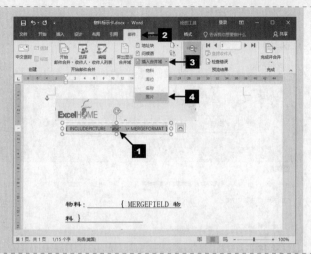

⑤ 切换到"邮件"选项卡，在"编写和插入域"命令组中单击"插入合并域"按钮右侧的下箭头按钮，在弹出的列表中选择"照片"。

此时域代码被修改为如下代码。

```
{INCLUDEPICTURE"{MERGEFIELD 照片}"
\*MERGEFORMAT}
```

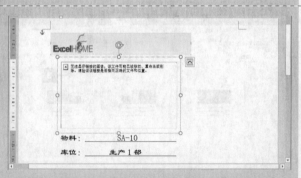

单击照片位置里的代码，按<Alt+F9>组合键再次切换域，效果如图所示。

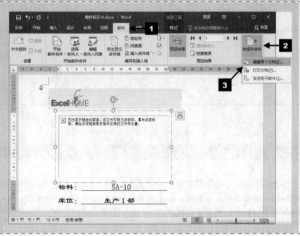

⑥ 切换到"邮件"选项卡，在"完成"命令组中单击"完成并合并"按钮，在弹出的下拉菜单中选择"编辑单个文档"命令。

弹出"合并到新文档"对话框,单击"确定"按钮。

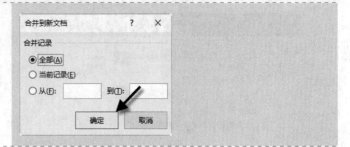

⑦ 此时弹出"信函1"文档。按<Ctrl+S>组合键,弹出"另存为"对话框,选择需要保存的路径,默认文件名为"窗体1",单击"保存"按钮。

⑧ 关闭"窗体1"的Word文档。

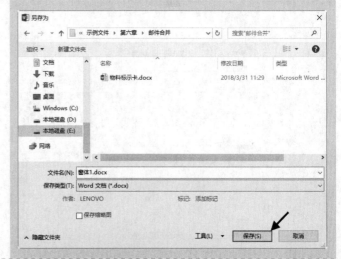

⑨ 再次打开"窗体1"的Word文档,在"视图"选项卡的"显示比例"命令组中单击"多页"按钮,在右下角单击"缩放级别"中的"缩小"按钮,调整页面大小为原始大小的25%。此时可以看到在"窗体1"文档中存放了人事数据表里所有员工的相关信息,照片也自动更新了。

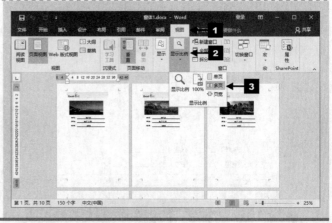

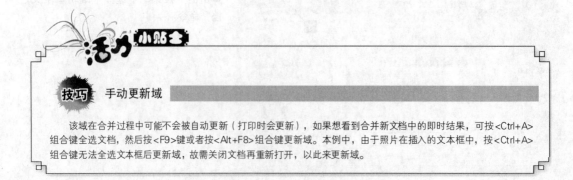

技巧　手动更新域

　　该域在合并过程中可能不会被自动更新(打印时会更新),如果想看到合并新文档中的即时结果,可按<Ctrl+A>组合键全选文档,然后按<F9>键或者按<Alt+F8>组合键更新域。本例中,由于照片在插入的文本框中,按<Ctrl+A>组合键无法全选文本框后更新域,故需关闭文档再重新打开,以此来更新域。

6.2　库存数据查询

案例背景

要进行库存管理，首先需要编制"库存"工作表，记录库存物品信息。库存与货物进出密切相关，为了记录进货情况，需要随时对库存数据进行查询。

关键技术点

要实现本例中的功能，读者应当掌握以下 Excel 技术点。
- VLOOKUP 函数
- COLUMN 函数

最终效果展示

Item	Rev	U/M	Descriptio	Lot	Location	Bonded	On Hand	Cost	Total Cost	eceiptdat
XCV3XC303	SS	PCS	描述1	170524A22	Loc1	Non	4440	8.47807	37642.63	42558
XCV3XC30	SS	PCS	描述32	17022062	Loc28	Non	11994	9.501932	113966.2	42797
XCV3XC30SX	SS	PCS	描述36	170411A02	Loc32	Non	9180	31.18565	286284.3	42560
XCV3XC304	SS	PCS	描述66	170607124	Loc43	Non	3570	69.20158	247049.6	42894.35
XCV3XC300	SS	PCS	描述87	161228141	Loc50	Non	797	3.628188	2891.666	42738
XCV3XC30XCV	SS	PCS	描述131	170406A53	Loc27	Non	4804	3.02953	14553.86	42559
XCV3HXC30XCV	SS	PCS	描述135	170509A71	Loc27	Non	1109	17.78442	19722.93	42560
XCV3HXC305	SS	PCS	描述136	170322A59	Loc7	Non	7917	5.196569	41141.23	42558
XCV3XC3J00	SS	PCS	描述144	1504019858D	Loc71	Non	3631	24.94075	90559.87	42297.8

通过物料编码查询相关库存信息——VLOOKUP+COLUMN

示例文件

\示例文件\第 6 章\通过物料编码查询相关库存信息.xlsx

6.2.1　通过物料编码查询相关库存信息

通过给定的物料料号，查询对应的物料信息。

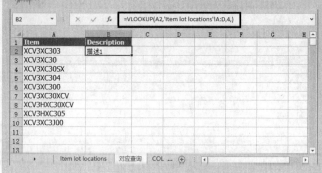

Step 1　编写公式一

① 切换到"对应查询"工作表，在 B2 单元格中输入如下公式。

`=VLOOKUP(A2,'Item lot locations'!A:D,4,)`

按<Enter>键确认。

② 双击 B2 单元格右下角的填充柄,向下复制填充公式。

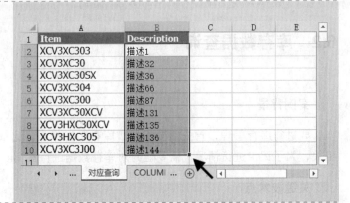

Step 2 编写公式二

① 切换到"COLUMN 应用"工作表,在 A 列中是给定的料号,需要查询对应的信息,并且表格中的字段顺序与原始信息表"Item lot locations"工作表中的字段顺序相同。

② 在 B2 单元格中输入如下公式。

`=VLOOKUP($A2,'Item lot locations'!$A:$K,COLUMN(),)`

按<Enter>键确认。

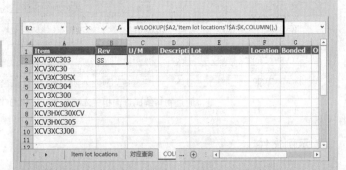

③ 选中 B2 单元格右下角的填充柄,先向右拖动,复制填充公式,然后保持 B2:K2 单元格区域的选中状态,双击 K2 单元格右下角的填充柄,向下复制填充公式。

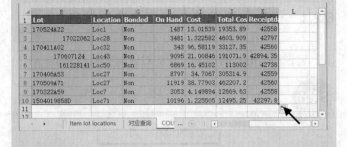

Step 3 编写公式三

① 切换到"MATCH 应用"工作表,在 A 列中是给定的料号,需要查询对应的信息,此时,表格中的字段顺序与原始信息表"Item lot locations"工作表中的字段顺序并不相同。

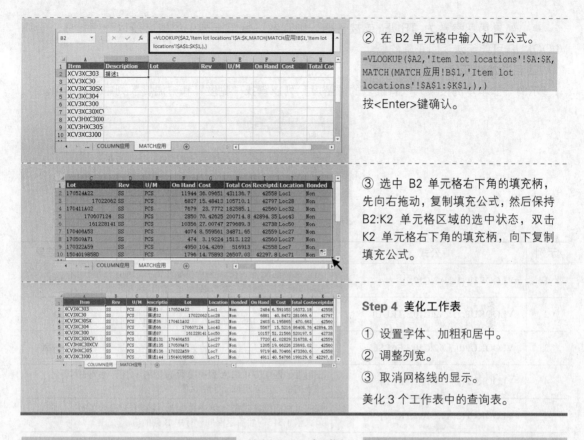

② 在 B2 单元格中输入如下公式。

=VLOOKUP($A2,'Item lot locations'!$A:$K,
MATCH(MATCH 应用!B$1,'Item lot
locations'!$A$1:$K$1,),)

按<Enter>键确认。

③ 选中 B2 单元格右下角的填充柄，先向右拖动，复制填充公式，然后保持 B2:K2 单元格区域的选中状态，双击 K2 单元格右下角的填充柄，向下复制填充公式。

Step 4 美化工作表

① 设置字体、加粗和居中。

② 调整列宽。

③ 取消网格线的显示。

美化 3 个工作表中的查询表。

关键知识点讲解

1. 函数应用：VLOOKUP 函数

■ 函数用途

在数据表的首列查找指定的内容，并返回与查找内容处于同一行的其他列中的内容。

■ 函数语法

VLOOKUP(lookup_value,table_array,col_index_num,[range_lookup])

■ 参数说明

lookup_value　必需。指定在要查找的数据区域第一列中查找的内容。

table_array　必需。指定要查找的数据范围。

col_index_num　必需。指定要从查找区域中返回哪一列的内容。注意此处是指查找区域中的列数，而不是工作表中的第几列。

range_lookup　可选。用 TRUE 或 FALSE 指定匹配方式。如果为 TRUE 或省略，则返回近似匹配值。也就是说，如果找不到精确匹配值，则返回小于查找值的最大值。如果为 FALSE 或是 0，函数 VLOOKUP 将返回精确匹配值。如果找不到，则返回错误值 "#N/A"。

■ 函数说明

● 如果第三参数小于 1，或是大于查找区域的列数，VLOOKUP 返回错误值#REF!。

● 如果使用精确匹配方式并且查找值为文本，则可以在查找值中使用通配符问号(?)和星号(*)。

● 如果第四参数为 TRUE 或被省略，则查找区域第一列中的值必须以升序排序；否则 VLOOKUP 可能无法返回正确的值。

◪ 函数简单示例

示例一：本示例搜索大气特征表的"密度"列以查找"黏度"和"温度"列中对应的值。

	A	B	C
1	密度	黏度	温度
2	1.128	1.91	40
3	1.165	1.86	30
4	1.205	1.81	20
5	1.247	1.77	10
6	1.293	1.72	0
7	1.342	1.67	-10
8	1.395	1.62	-20
9	1.453	1.57	-30
10	1.515	1.52	-40

示例	公式	说明	结果
1	=VLOOKUP(1.2,A2:C10,2)	使用近似匹配方式在 A 列中搜索 1.2，找到小于等于 1.2 的最大值 1.165，然后返回同一行中 B 列的值	1.86
2	=VLOOKUP(1.2,A2:C10,3,TRUE)	使用近似匹配方式在 A 列中搜索 1.2，找到小于等于 1.2 的最大值 1.165，然后返回同一行中 C 列的值	30
3	=VLOOKUP(0.7,A2:C10,3,FALSE)	使用精确匹配方式在 A 列中搜索 0.7。因为 A 列中没有精确匹配的值，所以返回一个错误值	#N/A
4	=VLOOKUP(1,A2:C10,2,TRUE)	使用近似匹配方式在 A 列中搜索 1。因为 1 小于 A 列中最小的值，所以返回一个错误值	#N/A
5	=VLOOKUP(2,A2:C10,2,TRUE)	使用近似匹配方式在 A 列中搜索 2，找到小于等于 2 的最大值 1.515，然后返回同一行中 B 列的值	1.52

示例二：本示例搜索员工表的 ID 列并查找其他列中的匹配值，以计算年龄并测试错误条件。

	A	B	C	D	E
1	ID	姓	名	职务	出生日期
2	1	茅	颖杰	销售代表	1988/10/18
3	2	胡	亮中	销售总监	1964/2/28
4	3	赵	晶晶	销售代表	1973/8/8
5	4	徐	红岩	销售副总监	1967/3/19
6	5	郭	婷	销售经理	1970/11/4
7	6	钱	昱希	销售代表	1983/7/22

示例	公式	说明	结果
1	=IFERROR(VLOOKUP(5,A2:E7,2,FALSE),"未发现员工")	如果有 ID 为 5 的员工，则显示该员工的姓氏；否则，显示消息"未发现员工"。当 VLOOKUP 函数结果为错误值#NA 时，IFERROR 函数返回"未发现员工"	郭
2	=IFERROR(VLOOKUP(15,A2:E7,2,FALSE),"未发现员工")	如果有 ID 为 15 的员工，则显示该员工的姓氏；否则，显示消息"未发现员工"。当 VLOOKUP 函数结果为错误值#NA 时，IFERROR 函数返回"未发现员工"	未发现员工

◪ 本例公式说明

以下为"对应查询"工作表中 B2 单元格的公式。

```
=VLOOKUP(A2,'Item lot locations'!A:D,4,)
```

A2 单元格里存放了要进行查找的数值，公式对该数值进行判断来确定相对应的物料信息。

公式中"'Item lot locations'!A:D"是指工作表"Item lot locations"的 A:D 单元格区域。因为本案例将物料信息放在了工作表"Item lot locations"，而查找公式是在工作表"对应查询"里，所以，在查找公式里要指明查找区域的路径。

公式中 "4" 表示返回查询区域 A:D 中第 4 列，也就是 D 列的物料描述信息。

当运行该公式时，A2 单元格为 "XCV3XC303"，则返回对应 Item lot locations 工作表中 "XCV3XC303" 所对应的第 4 列中的信息 "描述 1"。

2. 函数应用：COLUMN 函数

■ 函数用途

返回引用的列号。

■ 函数语法

COLUMN ([reference])

■ 参数说明

reference　为需要得到其列号的单元格或单元格区域。

■ 函数说明

● 如果省略 reference，则假定是对 COLUMN 函数所在单元格的引用。

■ 函数简单示例

示例	公式	说明	结果
1	=COLUMN()	返回公式所在列的列号，结果随公式所在列号发生变化	2
2	=COLUMN(A10)	返回 A10 单元格的列号，结果随参数所在列号发生变化	1

3. 函数嵌套

在某一函数中使用另一函数的计算结果作为参数时，称为函数的嵌套。嵌套函数有很广泛的使用范围和很强大的计算功能。本案例中，利用 IF 函数和 ROUND 函数共同构成了函数嵌套。

■ 本例公式说明

以下为 "COLUMN 应用" 工作表中 B2 单元格的公式。

```
=VLOOKUP($A2,'Item lot locations'!$A:$K,COLUMN(),)
```

其查询原理与 "对应查询" 工作表中 B2 单元格的公式完全一样。不同的是，在 "COLUMN 应用" 工作表中需要返回多列的对应信息，为了公式的复制与填充，使用对应的列标来返回查询 A:K 区域中第几列，并且 A:K 区域使用了绝对引用，也是为了使复制填充公式时，查询区域不会发生改变。

以下为 "MATCH 应用" 工作表中 B2 单元格的公式。

```
=VLOOKUP($A6,'Item lot locations'!$A:$K,MATCH(MATCH应用!C$1,'Item lot locations'!$A$1:$K$1,),)
```

其查询原理与 "MATCH 应用" 工作表中 B2 单元格的公式也完全一样。不同的是，在 "MATCH 应用" 工作表中需要返回多列的对应信息，且查询对中的列的排序与源目标文档中的列的排序不一致，所以使用了 MATCH 函数返回 C1 单元格中的字段在 "'Item lot locations'!$A$1:$K$1" 中的列号，作为 VLOOKUP 函数的第三参数，即返回查询区域的第几列的数据。

扩展知识点讲解

1. 函数应用：HLOOKUP 函数

■ 函数用途

在首行查找指定的数值并返回当前列中指定行处的数值。

HLOOKUP 函数的使用方法以及注意事项和 VLOOKUP 函数类似，区别在于 HLOOKUP 函数是从上向下查找，查找值要位于查找区域的第一行；而 VLOOKUP 函数是从左向右查找，查找值要位于查找区域的第一列。

■ 函数简单示例

	A	B	C
1	Axles	Bearings	Bolts
2	13	11	18
3	25	26	27
4	15	16	21

示例	公式	说明	结果
1	=HLOOKUP("Axles",A1:C4,2,TRUE)	以近似匹配方式在首行查找 Axles，并返回同列中第二行的值	13
2	=HLOOKUP("Bearings",A1:C4,3,FALSE)	在首行查找 Bearings，并返回同列中第三行的值	26

2. 函数应用：LOOKUP 函数的多条件逆向查询

■ 函数用途

常用方法是在一行或一列中搜索值，并返回另一行或列中的相同位置的值。

数组形式：

■ 函数用途

从数组中查找一个值。

■ 函数语法

LOOKUP(lookup_value,array)

如果数组中的值无法按升序排列，可使用 LOOKUP 函数的以下写法。

```
=LOOKUP(1,0/((条件1)*(条件2)*(条件N)),目标区域或数组)
```

以 0/(条件)，构建一个由 0 和错误值#DIV/0!组成的数组，再用 1 作为查找值，在 0 和错误值#DIV/0!组成的数组中查找。由于找不到 1，所以会以小于 1 的最大值 0 进行匹配。LOOKUP 第二参数要求升序排序，实际应用时，即使没有经过升序处理，LOOKUP 函数也会默认数组中后面的数值比前面的大，因此可查找结果区域中最后一个满足条件的记录。

使用这种方法能够完成多条件的数据查询任务。

■ 函数简单示例

示例	公式	说明	结果
1	=LOOKUP("C",{"a","b","c","d";1,2,3,4})	在数组的第一行中查找 "C"，查找小于或等于它的最大值，然后返回最后一行中同一列内的值	3
2	=LOOKUP(1,0/((A1:A10="一组")*(B1:B10="华北")),C1:C10)	返回 A1:A10 单元格区域等于 "一组"，并且 B1:B10 单元格区域等于 "华北" 的对应的 C 列的值	

6.2.2 使用多级下拉菜单查看库存产品型号、规格

案例背景

在查询数据时，往往需要多次反复查询，如果每次都更改输入的话，会浪费大量的时间，而 Excel 的数据验证功能可以完美地避免一些重复工作，通过制作下拉菜单的方式查看对应的产品型

号和规格。

关键技术点

要实现本例中的功能，读者应当掌握以下 Excel 技术点。

- 定义名称
- 数据验证
- OFFSET 函数
- 数组公式的使用

最终效果展示

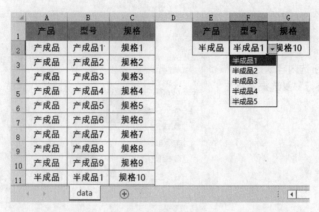

使用多级下拉菜单查看库存产品型号和规格

示例文件

\示例文件\第 6 章\使用多级下拉菜单查看库存产品型号规格.xlsx

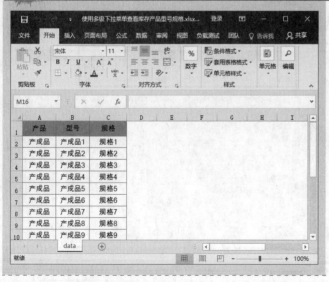

Step 1 打开源文档

打开"使用多级下拉菜单查看库存产品型号规格"源文档，A 列、B 列和 C 列分别为"产品""型号"和"规格"，并且已经对数据进行了排序处理，现在需要通过产品与型号来查询对应的规格。

Step 2 定义名称一

① 单击数据区域任意单元格，如B3，按<Ctrl+A>组合键，快速选中 A1:A20 单元格区域。依次单击"公式"选项卡 → "根据所选内容创建"命令。

② 在弹出的"根据所选内容创建名称"对话框中，勾选"首行"复选框，单击"确定"按钮。

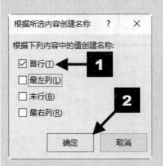

③ 单击"公式"选项卡的"定义的名称"组中的"名称管理器"按钮，在弹出的"名称管理器"对话框中，可以看到已经定义好的名称"产品""规格"和"型号"。

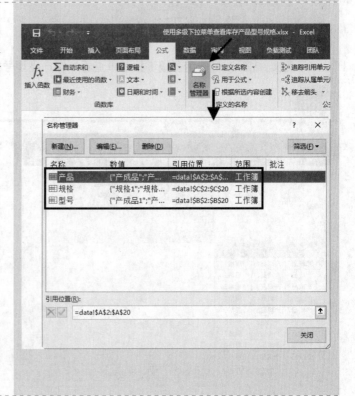

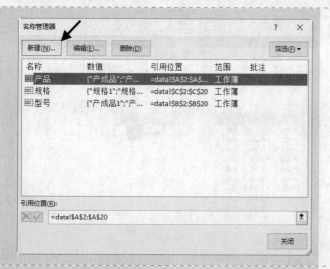

Step 3　定义名称二

① 在"名称管理器"对话框中单击"新建"按钮，弹出"新建名称"对话框。

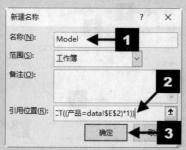

② 在"名称"编辑框中输入名称"Model"，在"引用位置"编辑框中输入如下公式。

`=OFFSET(data!$B$1,MATCH(data!$E$2, 产品,),,,SUMPRODUCT((产品=data!$E$2)*1))`

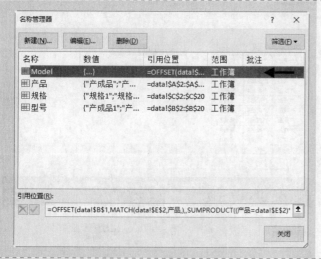

③ 返回"名称管理器"对话框，可以看到定义的名称"Model"。单击"关闭"按钮，关闭对话框。

Step 4　输入文本并美化

在 E1:G2 单元格区域输入如图所示的文本，并美化表格。

Step 5 创建"产品"菜单

① 选择目标单元格 E2，依次单击"数据"选项卡的"数据工具"组中的"数据验证"按钮 ⚖▾。

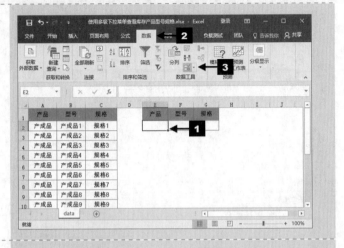

② 在弹出的"数据验证"对话框中，切换到"设置"选项卡，在"验证条件"区域的"允许"下拉列表中选择"序列"，在"来源"编辑框中输入"产成品,半成品,包装物"。单击"确定"按钮，完成对 E2 单元格数据验证的设置。

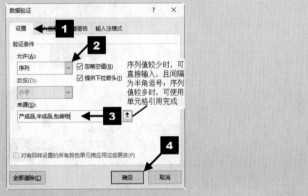

在 E2 单元格中创建的产品菜单如图所示。

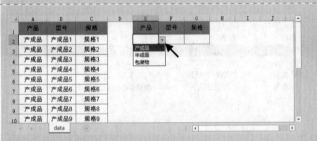

Step 6 "型号"菜单的创建

① 选择目标单元格 F2，依次单击"数据"选项卡的"数据工具"组中的"数据验证"按钮 ⚖▾。

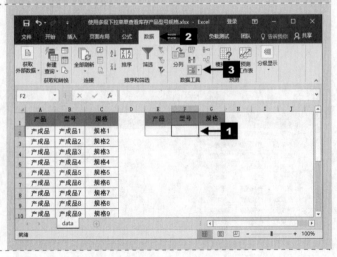

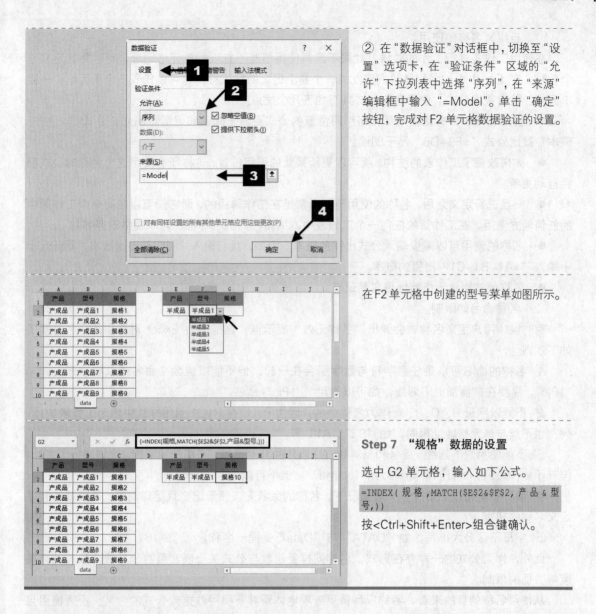

② 在"数据验证"对话框中,切换至"设置"选项卡,在"验证条件"区域的"允许"下拉列表中选择"序列",在"来源"编辑框中输入"=Model"。单击"确定"按钮,完成对 F2 单元格数据验证的设置。

在 F2 单元格中创建的型号菜单如图所示。

Step 7 "规格"数据的设置

选中 G2 单元格,输入如下公式。

=INDEX(规 格 ,MATCH($E$2&$F$2, 产 品 & 型号,))

按<Ctrl+Shift+Enter>组合键确认。

关键知识点讲解

1. 使用命名公式——名称

在 Excel 中,名称(Names)是一种较为特殊的公式,多数由用户自行定义,也有部分名称随创建列表、设置打印区域等操作自动产生。

作为一种特殊的公式,名称公式也是以 "=" 号开始,可以由常量数据、常量数组、单元格引用、函数与公式等元素组成。每个名称都具有唯一一个标识,以方便在其他名称或公式中调用。

与一般公式不同的是,普通公式存在于单元格中,名称保存在工作簿中,并在程序运行时存在于 Excel 的内存中,通过唯一标识(即名称的命名)进行调用。

（1）自定义名称的使用。

在使用工作表进行工作的时候，如果不愿意使用那些不直观的单元格地址，可以为其定义一个名称。在 Excel 中，名称是我们建立的一个易于记忆的标识符，它可以代表一个单元格、一组单元格、数值或者公式。使用名称公式具有如下几个优点。

● 使用名称的公式比使用单元格引用位置的公式更易于阅读和记忆。例如，公式"=销售–成本"就比公式"=F6–D6"易于阅读。

● 如果改变了工作表的结构，就可以更新某处的引用位置，这样所有使用这个名称的公式都会自动更新。

● 一旦进行定义之后，名称的使用范围通常是在工作簿级的，即它们可以在同一个工作簿中的任何地方使用。在工作簿的任何一个工作表中，编辑栏内的名称框都可以提供这些名称。

● 名称的使用可以减少输入公式出错的概率。例如，我们输入"利润"出错概率，要远远小于输入"=A1–B1–C1"出错的概率。

● 名称公式比单元格地址更容易记忆。

（2）名称命名的限制。

有时候，用户定义名称时会弹出"名称无效"提示框，这是因为 Excel 对名称的命名设置了如下规则。

① 名称的命名可以是任意字符与数字组合在一起，但不能以纯数字命名或以数字开头。如"1Pic"，需要在前面加上下划线，如可以使用"_1Pic"命名。

② 不能以字母 R、C、r、c 作为名称命名，因为 R、C 在 R1C1 引用样式中表示工作表的行、列；也不能与单元格地址相同，如"B3""A1"等。

③ 不能使用除下划线、点号和反斜线（\）以外的其他符号，不能使用空格。允许用问号（?），但其不能作为名称的开头。如可以用"Name?"，但不可以用"?Name"。

④ 字符不能超过 255 个。一般情况下，名称的命名应该便于记忆且尽量简短，否则就违背了定义名称的初衷。

⑤ 字母不区分大小写，如"DATA"与"Data"是同一名称。

此外，作为公式的一种存在形式，名称同样受函数与公式关于嵌套层数、参数个数、计算精度等方面的限制。

从使用名称的目的来看，名称应尽量更直观地体现其所引用数据或公式的含义，不宜使用可能产品歧义的名称。尤其是使用较多名称时，如果命名过于随意，则不便于对名称的统一管理和对公式的解读与修改。

（3）定义名称的方法。

① 在"新建名称"对话框中定义名称。

Excel 提供了以下 3 种方式打开"新建名称"对话框。

● 单击"公式"选项卡"定义的名称"组中的"定义名称"按钮。

● 单击"公式"选项卡中的"名称管理器"按钮，在"名称管理器"对话框中单击"新建"按钮。

● 按<Ctrl+F3>组合键，打开"名称管理器"对话框，单击"新建"按钮。

② 使用名称框快速创建名称。

如下图所示，选择 A2:A10 单元格区域，将光标定位到"名称框"内，将其修改为"产品"后按<Enter>键结束编辑，即可将 A2:A10 单元格区域定义名称为"产品"。

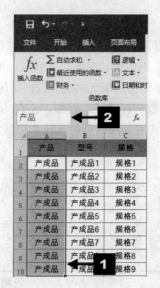

用户使用"名称框",可以方便地将单元格区域定义为名称,默认为工作簿级名称,在当前工作簿的每个工作表中都可以调用。如需定义为工作表级名称,需要在名称前加工作表名和感叹号。例如,在"名称框"中输入"1月!产品"而不是"产品",则该名称的作用范围为"1月"工作表(前提条件是当前工作表名称与此相符)。

③ 根据所选内容批量创建名称。

如果需要按标题行、列定义表格中多行多列单元格区域的名称,则可使用此方法。如本案例中"产品""型号"和"规格"等名称的创建。

本案例中"Model"名称是使用"新建名称"对话框定义的名称,利用该名称来引用单元格区域,由 OFFSET 函数返回单元格区域。

2. 函数应用:OFFSET 函数

■ 函数用途

以指定的引用为参照系,通过给定偏移量得到新的引用。返回的引用可以为一个单元格或单元格区域,并可以指定返回的行数或列数。

■ 函数语法

OFFSET(reference,rows,cols,[height],[width])

■ 参数说明

reference 必需。要以其作为偏移量参照系的引用区域。reference 必须为对单元格或相邻单元格区域的引用,否则 OFFSET 函数将返回错误值#VALUE!。

rows 必需。相对于偏移量参照系的左上角单元格,上(下)偏移的行数。如果使用 5 作为参数 rows,则说明目标引用区域的左上角单元格比 reference 低 5 行。行数可为正数(代表在起始引用的下方)或负数(代表在起始引用的上方)。

cols 必需。相对于偏移量参照系的左上角单元格,左(右)偏移的列数。如果使用 5 作为参数 cols,则说明目标引用区域的左上角的单元格比 reference 靠右 5 列。列数可为正数(代表在起始引用的右边)或负数(代表在起始引用的左边)。

height 可选。为高度,即所要返回的引用区域的行数。

width 可选。为宽度,即所要返回的引用区域的列数。

◻ 函数说明

● 如果 rows 和 cols 的偏移使引用超出工作表边缘，则 OFFSET 函数返回错误值#REF!。

● 如果省略 height 或 width，则假设其高度或宽度与 reference 相同。

● OFFSET 函数实际上并不移动任何单元格或更改选定区域，它只是返回一个引用。OFFSET 函数可以与任何期待引用参数的函数一起使用。例如，公式 SUM(OFFSET(C2,1,2,3,1))将计算以 C2 单元格为基点，向下偏移 1 行，向右偏移两列的 3 行 1 列区域（即 E3:E5 单元格区域）的总值。

◻ 函数简单示例

	A	B	C	D	E	F
1	1	8	7	9	6	5
2	2	6	4	1	8	4
3	45	4	21	31	3	7
4	5	7	44	74	4	21
5	3	2	5	65	6	26

示例	公式	说明	结果
1	=OFFSET(C3,2,3)	以 C3 单元格为基点，向下偏移行数为 2，向右偏移列数为 3，最终显示单元格 F5 中的值	26
2	=SUM(OFFSET(C3:E5,−1,0))	以 C3:C5 单元格区域为基点，偏移函数为−1，偏移列数为 0，返回 C2:E4 单元格区域的引用，并使用 SUM 函数求和	190
3	=OFFSET(C3:E5,0,−3)	以 C3:E5 单元格区域为基点，向左偏移 3 列，新的引用区域超出工作表边缘	#REF!

◻ 本例公式说明

本案例中定义名称 Model 的公式如下。

`=OFFSET(data!$B$1,MATCH(data!$E$2,产品,),,SUMPRODUCT((产品=data!$E$2)*1))`

以 data 工作表中 B1 单元格为基点。

名称"产品"：为 A2:A20 单元格区域。

MATCH(data!$E$2,产品,)，data 工作表中 E2 在"产品"单元格区域中的位置返回的数值，为 OFFSET 向下偏移的行数。

第三参数省略，表明偏移的列数为 0。

SUMPRODUCT((产品=data!$E$2)*1)，"产品=data!$E$2"先统计出"产品"单元格区域中有几个单元格与 data 工作表中 E2 单元格中的数据相同，得到一组由 TRUE 和 FALSE 构成的逻辑值，用"*1"的方法把逻辑值转换为以下数值。

{0;0;0;0;0;0;0;0;0;1;1;1;1;1;0;0;0;0;0}

然后 SUMPRODUCT 函数把所得的数组返回总和，此时为 5；作为 OFFSET 函数的第四参数，偏移的单元格区域高度为 5。注意使用此公式的前提是 A 列数据已经进行排序处理，否则将无法得到正确结果。

本案例中 G2 单元格的公式如下。

`=INDEX(规格,MATCH($E$2&$F$2,产品&型号,))`

名称"规格"：为 C2:C20 单元格区域。

名称"型号"：为 B2:B20 单元格区域。

名称"产品"：为 A2:A20 单元格区域。

MATCH($E$2&$F$2,产品&型号,)部分，E2 单元格与 F2 单元格中的数据由"&"符连接，组成新的字符串，MATCH 返回其在"产品"&"型号"字符串组中的位置。

INDEX 函数在"规格"单元格区域中，返回 MATCH 给定位置的值。

6.2.3 使用 Microsoft Query 创建便利客户信息查询表

案例背景

数据记录中记录着相关物料信息，如果希望不打开该表格就能够查询到相应的物料信息，可利用 Microsoft Query 创建便利客户信息查询表。

使用 Microsoft Query

关键技术点

要实现本例中的功能，读者应当掌握以下 Excel 技术点。

● Microsoft Query
● 高级筛选输出到其他工作簿
● SQL 语句

最终效果展示

	A	B	C	D	E	F	G	H	I
1	序号	内部料号	品名	单位	版本号	客户名称	客户代码	客户料号	终端客户料号
2	1	PA01130	导电泡棉	EA	A	云创电子	010107	871-123456	YS012345
3	2	PA01131	胶带	SM	B	华高科技	010102	871-123457	QSA01245
4	3	PA01132	泡棉	EA	01	同大科技	010106	871-123458	QSA01245
5	4	PA01133	胶带	SM	032	仁同精密	010104	871-123459	QSA01246
6	5	PA01134	泡棉	SF	A	中通电子	010108	871-123460	QSA01247
7	6	PA01135	导电泡棉	EA	A1	达顺电子	010101	871-123461	YDS01248
8	7	PA01136	防水纸	SM	AX1	顺达科技	010105	871-123462	SDM01249
9	8	PA01137	防水纸	SF	01	华高科技	010102	871-123463	QSA01250
10	9	PA01138	导电泡棉	SF	02	中通电子	010108	871-123464	QSA01251
11	10	PA01139	泡棉	SM	01	仁同精密	010104	871-123465	QSA01252
12	11	PA01140	胶带	EA	02	中通电子	010108	871-123466	QSA01253
13	12	PA01141	喇叭网片	SM	03	同大科技	010106	871-123467	QSA01254
14	13	PA01142	电磁片	EA	02	同大科技	010106	871-123468	QSA01255
15	14	PA01143	热熔胶	EA	A	华高科技	010102	871-123469	QSA01256

产品资料表

序号	内部料号	品名	单位	版本号	客户名称	客户代码	客户料号	终端客户料号		查询客户代码	010108
5	PA01134	泡棉	SF	A	中通电子	010108	871-123460	QSA01247			
9	PA01138	导电泡棉	SF	02	中通电子	010108	871-123464	QSA01251			
11	PA01140	胶带	EA	02	中通电子	010108	871-123466	QSA01253			
17	PA01146	喇叭网片	SF	C	中通电子	010108	871-123472	QSA01259			
22	PA01134	泡棉	SF	A	中通电子	010108	871-123460	QSA01247			
26	PA01138	导电泡棉	SF	02	中通电子	010108	871-123464	TSSA01251			
28	PA01140	胶带	EA	02	中通电子	010108	871-123466	TSSA01253			

产品资料查询表

示例文件

\示例文件\第 6 章\产品资料查询表.xlsx

要实现本案例的功能，需要制作两种表格，一是产品资料表，二是产品资料查询表。

产品资料表由用户平时把相关数据输入一个简单的数据列表，这里不再赘述，本案例重点介绍产品资料查询表的功能，具体操作步骤如下。

Step 1 创建查询表

创建一新工作簿，将其保存并命名为"产品资料查询表"，修改工作表名称为"查询表"。

Step 2 获取无重复"客户代码"

① 在"产品资料查询表"工作簿中，单击"数据"选项卡"排序和筛选"组中的"高级筛选"按钮 。

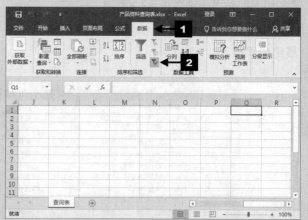

② 在弹出的"高级筛选"对话框中，单击"将筛选结果复制到其他位置"单选钮，在"列表区域"中拖拉选中"产品资料表"工作簿中的"产品代码"数据区域 G1:G34，在"复制到"编辑框中选择"产品资料查询表"的 R1 单元格，并且勾选"选择不重复的记录"复选框，最后单击"确定"按钮。

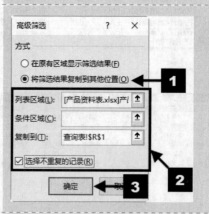

这样就在"查询表"中得到了"客户代码"的所有不重复数据。

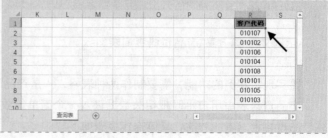

技巧 筛选不重复数据，并将其输出到其他工作簿或工作表中

　　如果要将筛选结果复制到其他工作簿或工作表中，首先需要选定目标区域所在的工作表，然后开始相应的高级筛选操作。
　　如果在没有激活目标工作表，如上例中的"查询表"工作表的情况下，打开"高级筛选"对话框进行和 Step 2 相同的设置，就会弹出"只能复制筛选过的数据到活动工作表"的警告窗口，不能进行高级筛选操作，如下图所示。

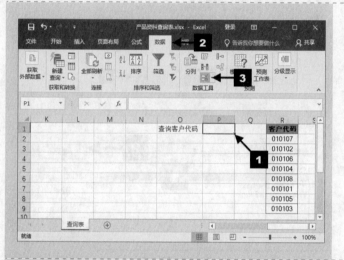

Step 3 创建下拉菜单

① 在 O1 单元格中输入"查询客户代码"，然后单击 P1 单元格，依次单击"数据"→"数据工具"组中的"数据验证"按钮 📋 ▾。

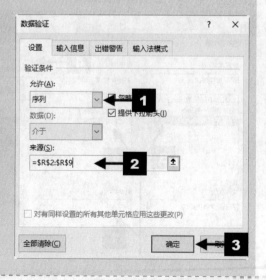

② 在"数据验证"对话框的"设置"选项卡中，设置"允许"编辑框中选项为"序列"，在"来源"编辑框中拖拉输入"=$R$2:$R$9"，最后单击"确定"按钮。

③ 在 P1 单元格中设置了下拉菜单，单击右侧下拉箭头，在弹出的列表中单击任意一项，即可将信息输入单元格中。

④ 设置单元格格式，并隐藏 "R 列"。

效果如图所示。

Step 4 获取外部数据

依次单击 "数据" → "获取外部数据" → "自其他来源" → "来自 Microsoft Query"。

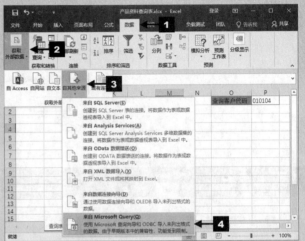

Step 5 选择数据源

在弹出的 "选择数据源" 对话框的 "数据库" 选项卡中选择 "Excel Files*"，单击 "确定" 按钮。

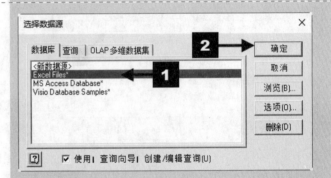

Step 6 选择数据源

Microsoft Query 自动启动，并弹出 "选择工作簿" 对话框，然后单击 "驱动器" 下拉按钮，选择要导入的目标文件所在的路径，确定数据源 "产品资料表.xlsx"，然后单击 "确定" 按钮。

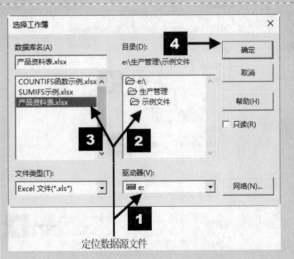

 数据源中没有包含可见的表格

当用户第一次使用 Microsoft Query 时，会弹出警告框"数据源中没有包含可见的表格"，这里只需要调整以下设置即可。

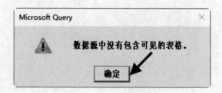

① 单击"Microsoft Query"对话框中的"确定"按钮。

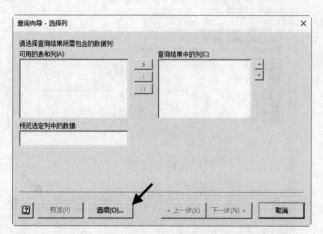

② 单击"查询向导—选择列"对话框中的"选项"按钮。

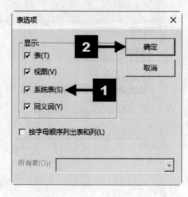

③ 打开"表选项"对话框，勾选"系统表"复选框，然后单击"确定"按钮，待查询的数据列表即会出现在"可用的表和列"列表框中。

Step 7 选择列

在弹出的"查询向导—选择列"对话框中，单击"产品资料表"工作表前的"+"，然后单击中间位置的全部添加按钮 ＞ ，将项目添加至"查询结果中的列"区域，单击"下一步"按钮。

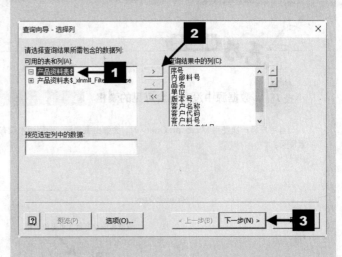

Step 8 筛选数据

弹出"查询向导—筛选数据"对话框，这里不需要对数据进行筛选，单击"下一步"按钮。

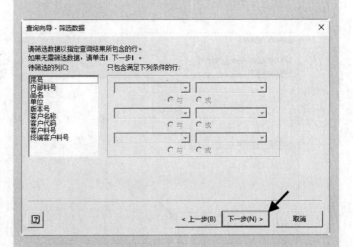

Step 9 设置排序顺序

弹出"查询向导—排序顺序"对话框，这里也不需要对数据进行排序，单击"下一步"按钮。

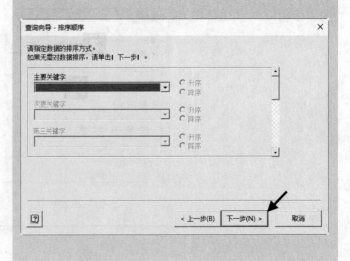

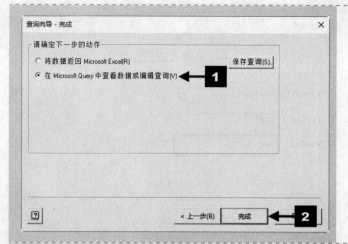

Step 10 返回 Microsoft Query

弹出"查询向导—完成"对话框，在该对话框中选择"在 Microsoft Query 中查看数据或编辑查询"选项，单击"完成"按钮。

Step 11 添加条件

① 弹出"Microsoft Query"对话框，在"Microsoft Query"界面中单击"条件"→"添加条件"。

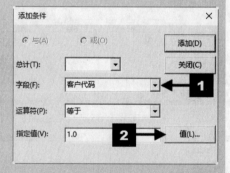

② 弹出"添加条件"对话框，在"字段"编辑框中选择设置字段"客户代码"，其他保持默认状态，然后单击"值"按钮。

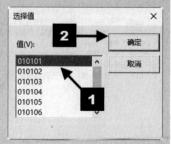

③ 弹出"选择值"对话框，在"值"列表中选择一项，如"010101"，单击"确定"按钮。

④ 此时，"值"字段已经添加到"指定值"编辑框中，单击"添加"按钮。

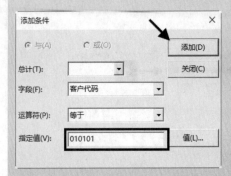

⑤ 单击"添加条件"对话框中的"关闭"按钮，完成条件的添加。

Step 12 设置 SQL 语句

① 在返回的"Microsoft Query"界面中单击"SQL"按钮 **SQL**。

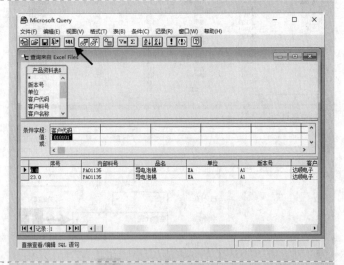

② 弹出 SQL 对话框，在 SQL 语句框中可以看到以下 SQL 语句。

`WHERE (`产品资料表$`.客户代码='010101')`

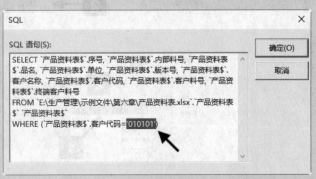

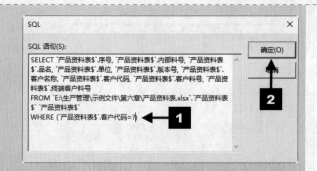

③ 修改 SQL 语句。将 SQL 语句中的
'010101'修改为问号。

WHERE（`产品资料表$`.客户代码=?)

单击"确定"按钮。

注意：这里要用英文半角问号"?"。

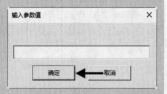

④ 弹出"输入参数值"对话框，在该
对话框中直接单击"确定"按钮。

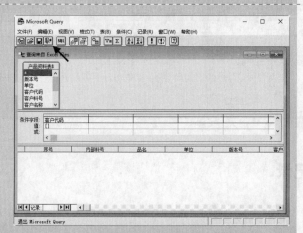

Step 13 返回 Excel

① 在"Microsoft Query"界面中单击
"将数据返回至 Excel"按钮 。

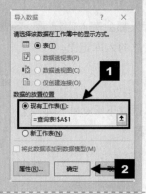

② 在弹出的"导入数据"对话框中，
将光标定位在"现有工作表"编辑框中，
然后单击右侧的 按钮，在工作表中选
择 A1 单元格，即可在"现有工作表"
编辑框中输入"=查询表!$A$1"，单击
"确定"按钮。

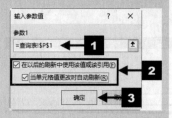

③ 在弹出的"输入参数值"对话框中，
在"参数 1"编辑框中输入"=查询表!
$P$1"，并勾选"在以后的刷新中使用
该值或引用"和"当单元格值更改时自
动刷新"两个复选框，然后单击"确定"
按钮。

Step 14 查询结果

至此，完成了利用"Microsoft Query"的查询，在"查询表"中返回了"客户代码"为"010101"的相关数据。

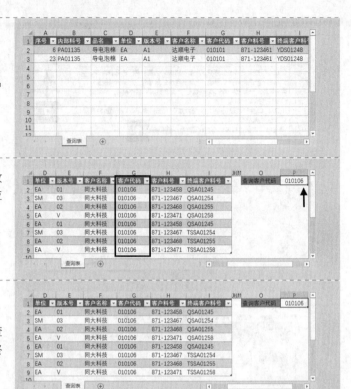

当目标单元格中的"客户代码"发生改变时，所得到的相关查询数据也会相应发生改变，达到了动态查询的效果。

Step 15 美化表格

取消网格线和编辑框的显示，并调整查询区域与返回的查询数据的位置，最终效果如图所示。

6.3 汇总多个仓库的入库记录

案例背景

企业中存在多个仓库，每个仓库每天都会有入库记录，各仓库记录的数据字段相同，现需要统计汇总多个仓库总的入库记录。

关键技术点

要实现本例中的功能，读者应当掌握以下 Excel 技术点。

● 导入外部数据，创建数据透视表
● 数据透视表中的 SQL 语句

最终效果展示

库别	一号库 🔽				
Item 🔽	1月	2月	3月	4月	总计
PA 102	502	1389	424	426	2741
PA 103	1386	766	441	360	2953
PA 104	874	430	957	151	2412
PA 105	581	901	888	246	2616
总计	3343	3486	2710	1183	10722

汇总多个仓库的入库记录

汇总入库记录

示例文件

\示例文件\第 6 章\汇总多个仓库的入库记录.xlsx

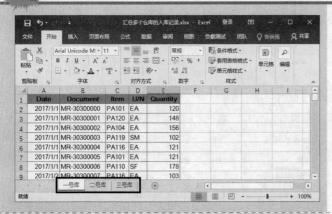

Step 1 打开各仓库的入库记录

如图所示是各仓库的入库记录原始数据，并且每个仓库的数据记录字段相同。

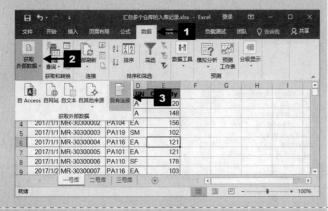

Step 2 获取外部数据

在任意一个工作表中，依次单击"数据"→"获取外部数据"→"现有连接"按钮。

Step 3 设置现有连接

在弹出的"现有连接"对话框中单击"浏览更多"按钮。

Step 4 选取数据源

在弹出的"选取数据源"对话框中，找到目标文档所在路径，选中目标工作簿"汇总多个仓库的入库记录"，单击"打开"按钮。

Step 5 选择表格

在弹出的"选择表格"对话框中直接单击"确定"按钮。

Step 6 导入数据

① 在弹出的"导入数据"对话框中单击"属性"按钮。

② 在弹出的"连接属性"对话框中，单击"定义"选项卡，在"命令文本"编辑框中输入如下代码。

```
SELECT "一号库" AS 库别, * FROM [一号库$]
UNION ALL
SELECT "二号库" AS 库别, * FROM [二号库$]
UNION ALL
SELECT "三号库" AS 库别, * FROM [三号库$]
```

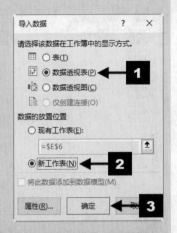

③ 返回"导入数据"对话框,单击"数据透视表"单选钮,在"数据的放置位置"区域选择"新工作表",然后单击"确定"按钮。

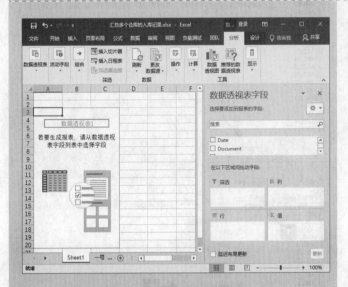

Step 7 添加空白数据透视表

在新工作表"Sheet1"中添加了一个空白的数据透视表,并打开了"数据透视表字段"窗格。

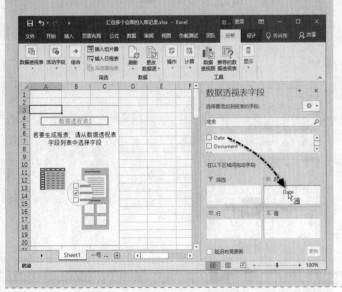

Step 8 添加字段

① 在"数据透视表字段"列表中,单击选中"Date",然后按住鼠标左键不放,将其拖入"列"区域。

② 用同样的方法把"Item"字段添加至"行"区域，将"Quantity"字段添加至"值"区域，将"库别"字段添加至"筛选"区域。

Step 9 移动工作表

把"Sheet1"工作表移至最右侧，并修改工作表名称为"汇总"。

Step 10 设置组合

① 选中"列"标签任意一单元格，单击鼠标右键，在弹出的下拉菜单中选择"组合"命令。

② 在弹出的"组合"对话框中单击"月"，然后单击"确定"按钮。

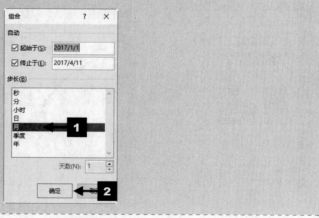

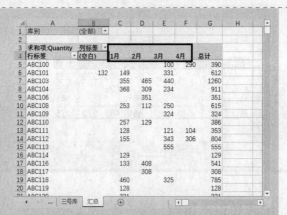

"Quantity"字段将自动按月进行汇总，如图所示。

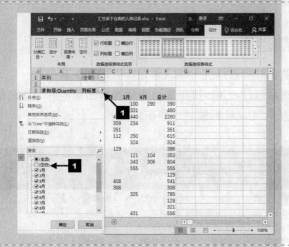

Step 11 美化透视表

① 单击"列标签"右侧的下拉箭头，在弹出的列表中取消勾选"空白"复选框。

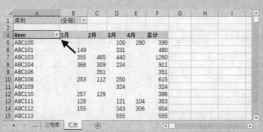

② 单击 A4 单元格，修改"行标签"为"Item"，隐藏第三行的显示。

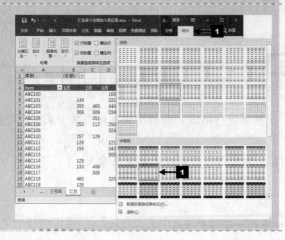

③ 切换到"数据透视表—设置"选项卡，单击"数据透视表样式"下拉箭头，在弹出的列表中，单击"中等色"组中的"浅蓝，数据透视表样式中等深浅9"，为数据透视表添加样式。

④ 单击各字段的筛选按钮，即可选择查看不同的库别数据。"三号库"中，Item 为 "ABC103""ABC106"和"ABC110"的汇总结果如图所示。

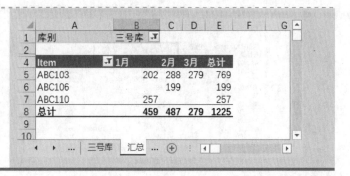

扩展知识点讲解

1. 在多张工作表中进行相同格式的设置

有若干张格式相同的工作表，如果想对其进行统一格式设置，可以先在其中的一个工作表中选择好设置单元格格式的数据区域，然后按住<Ctrl>键不放，用鼠标单击其他的工作表标签，此时所有被选定的工作表标签都会反白显示，Excel 标题栏也显示 "[组]"。

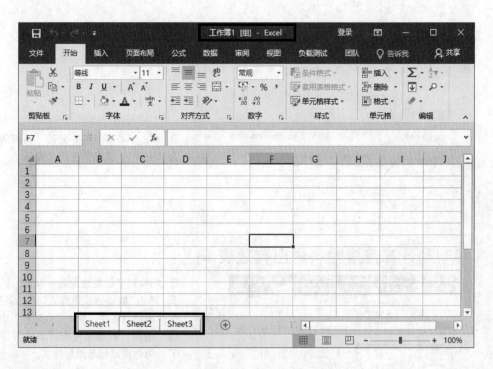

接下来就可以在选定的数据区域中设置单元格格式，设置结束，单击某个未被选中的工作表标签，可结束同时选中状态。

如果在多个工作表中输入相同的内容，也可以按照同样的原理来输入。

2. 调整显示比例的其他方法

● 按住<Ctrl>键的同时，滑动鼠标滚轮，使文档在 10%～400% 之间进行缩放。

● 依次单击"文件"选项卡→"选项",弹出"Excel 选项"对话框→"高级"选项卡。在"编辑选项"下勾选"用智能鼠标缩放（Z）"复选框,再单击"确定"按钮。此时可以直接滚动鼠标滚轮,完成显示比例的缩放。

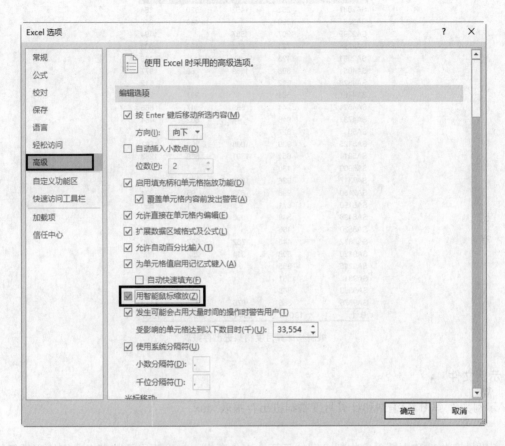

● 在工作表右下角单击"缩放级别"右侧的"放大"或"缩小"按钮,或者直接往右或往左拖动中间的滑块。

6.4 编制和计算月度物料进出存放表

案例背景

根据每月的月初库存记录、每月入库记录和出库记录,通过数据透视表的添加计算项,计算出当月库存的结存。

编制和计算物料
进出存放表

关键技术点

要实现本例中的功能,读者应当掌握以下 Excel 技术点。

● 多重合并数据区域,创建数据透视表

● 在数据透视表中添加计算项

最终效果展示

料号	上期结存	本期入库	本期出库	本期结存
SA2087	252	1452	820	884
SA2361	1390		440	950
SA2399	907	587		1494
SA2784	721	664	482	903
SA2991	425			425
SA4051	898	1159	80	1977
SA4328	512			512
SA4451	561		297	264
SA4524	244	669	47	866
SA4737	918	48	502	464
SA50	827			827
SA5425	939	1008	260	1687
SA5914	651	1301	689	1263
SA6009	430			430
SA7317	926	1876	220	2582
SA7460	996	333	95	1234
SA8190	871		21	850
SA8498	346	996	146	1196
SA8520	1486		621	865
SA8872	445	762	327	880
SA9120	598	314	252	660
SA9215	385			385
SA981	1561		767	794
SA9863	868			868
SA9875	886	875	343	1418
总计	19043	12044	6409	24678

编制和计算月度物料进出存报表

示例文件

\示例文件\第 6 章\编制和计算月度物料进出存报表.xlsx

上期结存物料和本期入库物料分别位于两个工作表中，如果要用函数求出它们的不重复值，只有把数据先合并到一个工作表中，这会十分麻烦。下面介绍使用数据透视表来解决该问题的具体操作步骤。

Step 1 打开源目标文档

如图所示，在"编制和计算月度物料进出存报表"工作簿中有 3 个工作表，分别为"上期结存""本期入库"和"本期出库"。

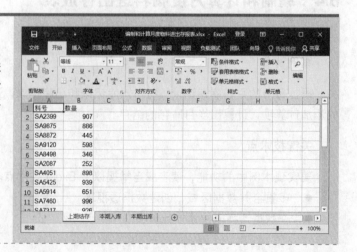

Step 2 启动创建数据透视表向导

① 依次单击"向导" → "数据透视表
和数据透视图向导"。

技巧 调出"数据透视表和数据透视表向导"的方法

- 按<Alt+D+P>快捷键。
- 添加功能区命令。

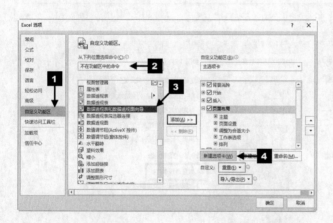

① 依次选择"文件" → "选项"命令。
② 在弹出的"Excel 选项"对话框中单
击"自定义功能区",在"从下列位置
选择命令"的编辑框中选择"不在功能
区的命令",在下方列表中拖拉右侧的
滚动条,找到"数据透视表和数据透视
图向导"并选中,然后单击"新建选项
卡"按钮。

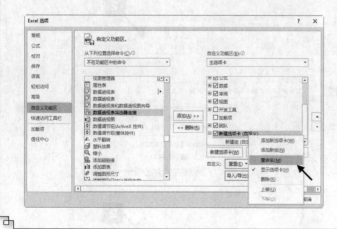

③ 右键单击新添加的"新建选项卡",
在弹出的菜单中选择"重命名"命令。
④ 在弹出的"重命名"对话框中,在
"显示名称"编辑框中输入"向导",
然后单击"确定"按钮。

⑤ 选中"新建组",然后单击中间的"添加"按钮。

⑥ 在新添加的"向导"选项卡的"新建组"中添加了"数据透视表和数据透视图向导"命令。

⑦ 单击"确定"按钮。

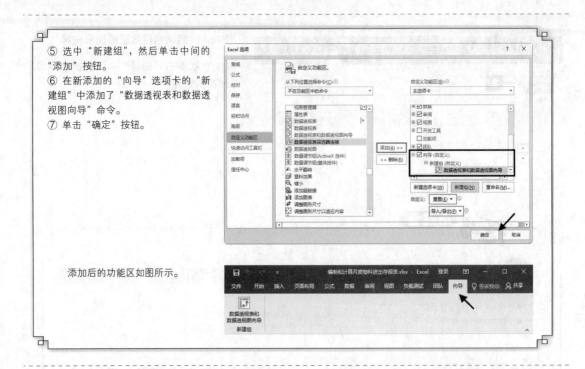

添加后的功能区如图所示。

② 在弹出的"数据透视表和数据透视图向导—步骤1(共3步)"对话框中单击"多重合并计算数据区域"单选钮,保持默认的"数据透视表",单击"下一步"按钮。

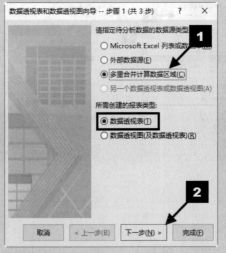

③ 在弹出的"数据透视表和数据透视图向导—步骤2a(共3步)"对话框中单击"自定义页字段"单选钮,然后单击"下一步"按钮。

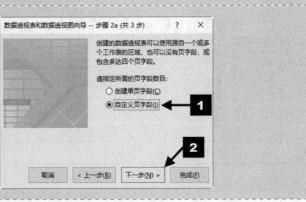

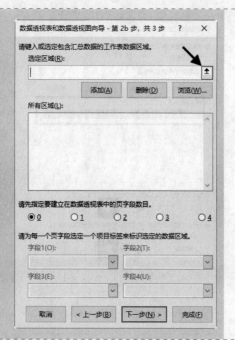

Step 3 添加字段区域一

① 在弹出的"数据透视表和数据透视图向导—步骤 2b（共 3 步）"对话框中，单击"选定区域"文本框后面的折叠按钮 ↑。

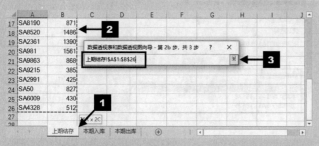

② 单击"上期结存"工作表，然后选中 A1:B26 单元格区域，"选定区域"文本框中会自动添加待合并的数据区域"上期结存!$A$1:$B$26"，再次单击折叠按钮 。

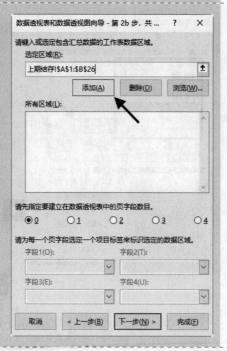

③ 返回"数据透视表和数据透视图向导—步骤 2b（共 3 步）"对话框，单击"添加"按钮。

④ 添加 1 页字段后的效果如图所示。

选择"页字段数目"为"1",然后在"字段 1"下拉列表中输入"上期结存"。

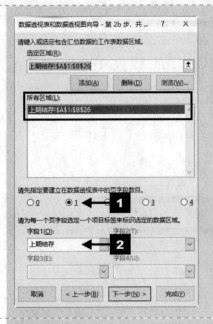

Step 4 添加字段区域二

重复 Step 2,依次添加"本期入库""本期出库"工作表中的数据区域,分别将其命名为"入库数量"和"出库数量",完成后的结果如图所示。

单击"下一步"按钮"。

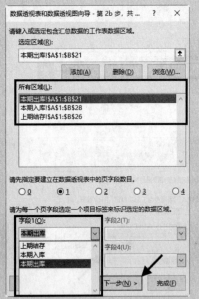

Step 5 数据透视表创建完成

在弹出的"数据透视表和数据透视图向导—步骤之 3(共 3 步)"对话框中,单击"新工作表"按钮,然后单击"完成"按钮。

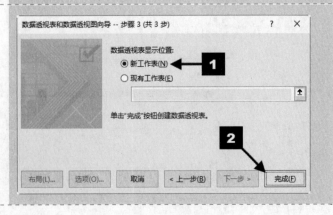

此时一个基本的数据透视表即被创建完成，如图所示。

Step 6 数据透视表重新布局和整理

① 将"页1"字段拖动到"列"区域，效果如图所示。

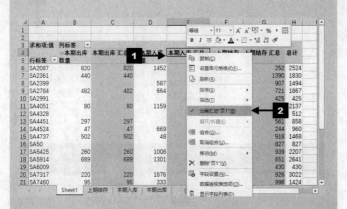

② 选中 F4 单元格并单击鼠标右键，在弹出的下拉菜单中取消勾选"分类汇总'页1'"复选框。

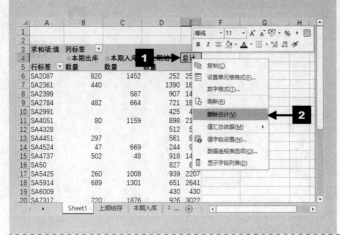

③ 选中 E4 单元格并单击鼠标右键，在弹出的下拉菜单中单击"删除总计"命令。

Step 7 调整字段顺序

① 为了适应报表阅读者的习惯，需要调整各字段位置。在 D4 单元格上单击鼠标右键，在弹出的下拉菜单中选择"移动"→"将'上期结存'移至开头"命令。

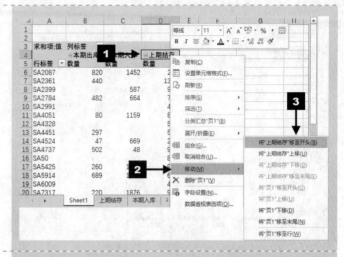

② 在 D4 单元格上单击鼠标右键，在弹出的下拉菜单中选择"移动"→"将'本期入库'上移"命令。

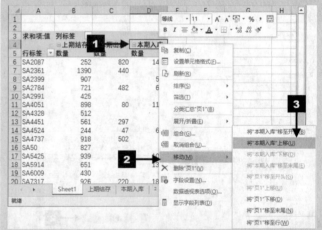

Step 8 添加计算项

① 选中数据透视表中列标签所在的单元格，如 B3 单元格，依次单击"数据透视表—分析"→"计算"→"字段、项目和集"→"计算项"。

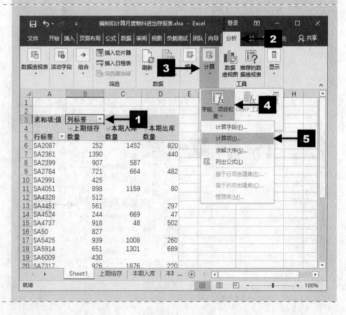

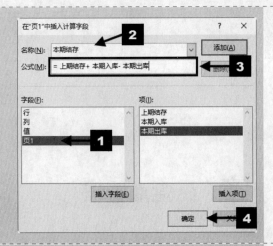

② 在弹出的"在'页 1'中插入计算字段"对话框的"名称"编辑框中输入"本期结存",将光标定位到"公式"框中,清除原有的数据 0。然后选择"上期结存"项,并单击"插入项"按钮(或双击"上期结存"),"上期结存"项将会出现在"="之后。然后输入"+",再选择"本期入库"并双击,然后再输入"-",最后选择"本期出库"并双击。最后单击"确定"按钮。

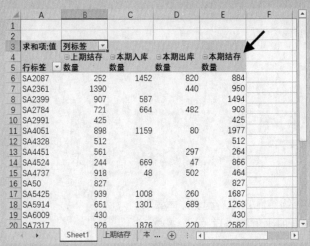

数据透视表中添加的"计算项""本期结存"如图所示。

行标签	上期结存 数量	本期入库 数量	本期出库 数量	本期结存 数量
SA2087	252	1452	820	884
SA2361	1390		440	950
SA2399	907	587		1494
SA2784	721	664	482	903
SA2991	425			425
SA4051	898	1159	80	1977
SA4328	512			512
SA4451	561		297	264
SA4524	244	669	47	866
SA4737	918	48	502	464
SA50	827			827
SA5425	939	1008	260	1687
SA5914	651	1301	689	1263
SA6009	430			430
SA7317	926	1876	220	2582

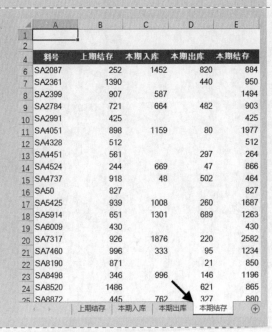

Step 9 美化透视表

① 隐藏行 3 和行 5。

② 插入文本框并输入"料号"。

③ 套用数据透视表样式。

④ 取消网格线的显示。

⑤ 将工作表重命名为"本期结存",并移至最右侧。

最终效果如图所示。

第 **7** 章　盘点管理

Excel 2016 高效办公

　　在仓储管理工作中，每年都需要组织几次库存盘点。本章介绍如何在前期准备工作中利用盘点清册来打印盘点卡，以及盘点后对盘点的结果进行数据整理等。

案例背景

本案例介绍如何将从企业 ERP 系统中导出的库存清单数据打印成常规样式的盘点卡，即在每一张页面上显示一条系统数据。

关键技术点

要实现本例中的功能，读者应当掌握以下 Excel 技术点。

● 邮件合并

最终效果展示

Item	Sub	Locator	P/N	Desc	Rev-	Classify	Q'TY
001	H_RM	07-07-3-00	11111	SRUBANDEGRAVA	0	A	30
002	H_RM	07-07-3-00	11112	SRUBANDEGRAVA	0	A	273
003	H_FG	00-00-00	11121	STuyanxENSili	0	C	4
004	H_RM	07-14-6-00	11121	STuyanxENSili	0	C	12
005	H_RM	07-13-4-00	11121	STuyanxENSili	0	B	10
006	H_RM	07-13-1-00	11131C	SLabel(With"C	0	B	19500
007	H_WIP	00-00-00	11131C	SLabel(With"C	0	A	2899
008	H_FG	00-00-00	116-11417	SMountingClip	E	A	25000
009	H_FG	00-00-00	116-11478	SKD1mountingc	0	C	17200
010	H_FG	00-00-00	116-11528	STransparentp	0	C	6850

盘点清册

DC 电气（苏州）有限公司
盘点卡

盘点日期 Data	2018/4/3		盘点卡编号 №	001		
物料号 Item	11111		版本 REV.	0		
描述 Desc.	SRUBANDEGRAVA					
库 Sub	H_RM		位 Locator	07-07-3-00		
初盘数量 First Q'TY.		复盘数量 Second Q'TY.			抽盘数量 Random Q'TY.	
初盘人 First Check		复盘人 Second Check			抽盘人 Random Check	
备注： Remarks: A						

盘点卡

示例文件

\示例文件\第 7 章\盘点卡.xlsx

7.1 盘点准备工作

完成此功能需要进行 3 部分工作，一是准备盘点清册，二是制作盘点模板，三是打印盘点卡。

7.1.1 准备盘点清册

首先把盘点清册整理一下。

Step

Step 1 打开导入的系统数据

将从企业 ERP 系统中导出的部分数据
保存至"盘点清册"工作簿。

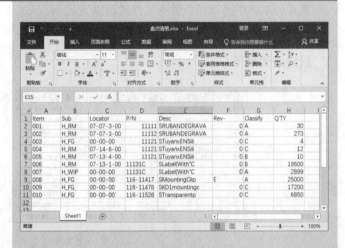

Step 2 重命名工作表

重命名工作表为"系统数据"。

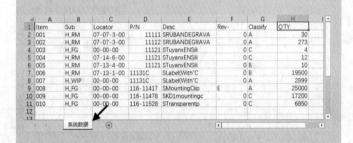

Step 3 美化工作表

① 设置字号和字体。

② 添加边框。

③ 调整列宽。

④ 取消网格线的显示。

7.1.2 制作盘点模板

盘点清册完成后，需要制作盘点模板，以便使盘点清册中的每一条数据显示在一张页面上。

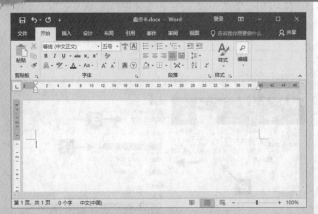

Step 1 创建 Word 文档

启动 Word 2016，并创建新文档，将文档命名为"盘点卡"。

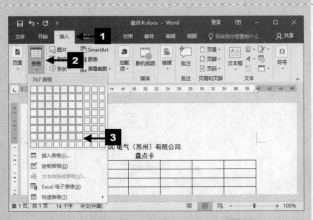

Step 2 创建表格

① 输入标题。

② 依次单击"插入"选项卡的"表格"组中的"表格"按钮，在弹出的下拉菜单中拖拉选择 7×7 的表格，在选中的区域点击即可将表格插入文档中。

Step 3 合并单元格

选中需要合并的单元格，单击鼠标右键，在弹出的快捷菜单中单击"合并单元格"命令。

Step 4 重复合并单元格

依次选中需要合并的单元格，然后按 <F4> 键，重复 Step 3 的合并单元格动作，把需要合并的单元格进行合并。

最终效果如图所示。

Step 5 调整列宽

选中 C1:C4 单元格区域，然后用鼠标选
中右边框，向左侧拖动，缩小其列宽。

Step 6 页面设置

① 依次单击"布局"→"页面设置"
的"对话框启动器"按钮 🔳，打开"页
面设置"对话框，单击"纸张"选项卡，
在"纸张大小"中选择"B5（JIS）"纸张。

② 切换到"页边距"选项卡，选择"纸
张方向"为"横向"，最后单击"确定"
按钮完成设置。

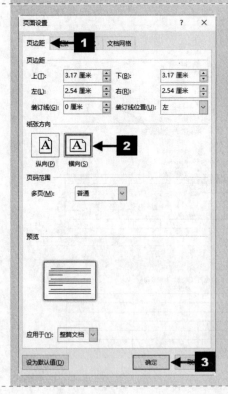

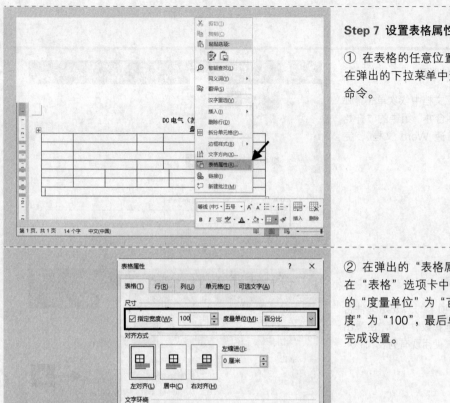

Step 7 设置表格属性

① 在表格的任意位置单击鼠标右键，在弹出的下拉菜单中选择"表格属性"命令。

② 在弹出的"表格属性"对话框中，在"表格"选项卡中，调整 "尺寸"的"度量单位"为"百分比"，"指定宽度"为"100"，最后单击"确定"按钮完成设置。

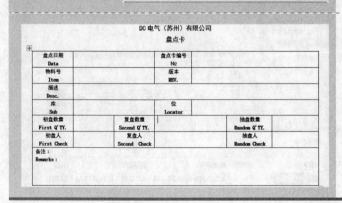

Step 8 输入文本

输入相应文本，并调整字体和字号，对表格也做适当调整，最终效果如图所示。

7.1.3 打印盘点卡

接下来把盘点清册与盘点卡建立连接，并打印完成后的盘点卡。

Step 1 设置主文档类型

在"盘点卡.docx"文档中依次单击"邮件"→"开始邮件合并"组中的"开始邮件合并"→"普通 Word 文档",完成主文档类型设置。

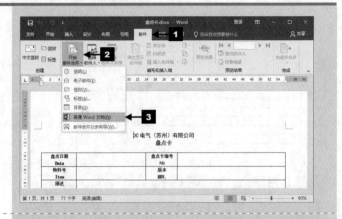

Step 2 选取数据源

① 在"邮件"选项卡的"开始邮件合并"组中单击"选择收件人",在弹出的下拉列表中单击"使用现有列表"命令。

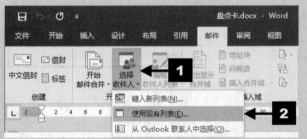

② 在弹出的"选择数据源"对话框中找到目标文档放置的路径,选中"盘点清册",然后单击"打开"按钮。

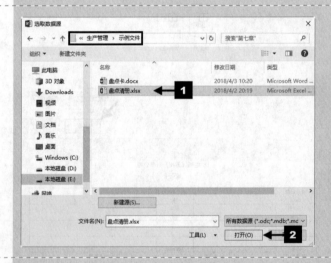

③ 在"选择表格"对话框中,直接单击"确定"按钮。

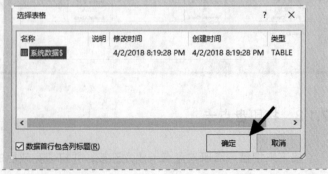

此时，Word 文档"盘点卡"与 Excel 文件"盘点清册"已经建立了关联，如图所示。

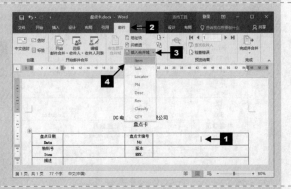

Step 3 插入域

① 将光标定位在"盘点卡编号"右侧的单元格中，单击"邮件"选项卡中"编写或插入域"组中的"插入合并域"，弹出的列表中包括盘点清册文件的所有字段标题。单击"Item"，即为该单元格添加了域代码"«Item»"。

② 重复以上动作，把所有域插入相应的位置，如图所示。

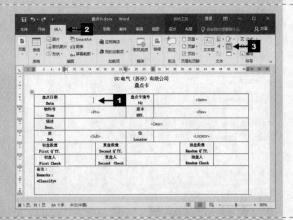

Step 4 插入当前日期

① 将光标定位在"盘点日期"右侧单元格中，依次单击"插入"→"文本"组中的"日期和时间"按钮 。

② 在弹出的"日期和时间"对话框中，选中要插入的日期格式，然后勾选"自动更新"复选框，最后单击"确定"按钮，完成插入。

Step 5 完成合并一

① 在"邮件"选项卡下单击"完成并合并"，在弹出的列表中单击"打印文档"。

② 在弹出的"合并到打印机"对话框中，默认选中"全部"，直接单击"确定"按钮。

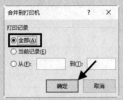

③ 在弹出的"打印"对话框中，选择适当的打印机，单击"确定"按钮，即可完成对全部盘点卡的打印。

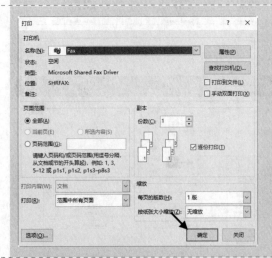

Step 6 完成合并二

① 如果当时不方便打印，可以在 Step 5 中单击"完成并合并"中的"编辑单个文档"命令。

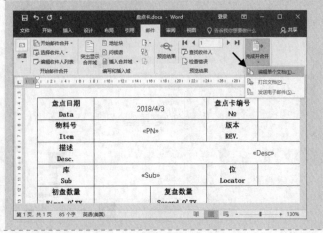

② 在弹出的"合并到新文档"对话框中，默认选中"全部"，直接单击"确定"按钮。

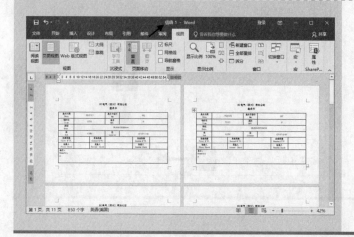

此时，Word 自动新建一个文档"信函1"，按照源数据的每一条记录生成一张盘点卡，如图所示。

关键知识点讲解

在 Word 文档中插入动态当前日期的方法

1. 利用功能区命令

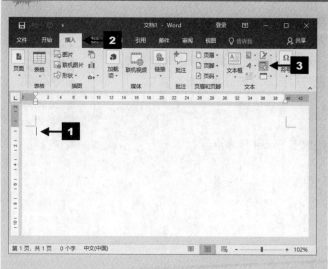

① 将光标定位在需要插入日期的位置，然后依次单击"插入"→"文本"组中的"日期和时间"按钮。

② 在弹出的"日期和时间"对话框中，选中要插入的日期格式，然后勾选"自动更新"复选框，最后单击"确定"按钮，完成动态日期的插入。

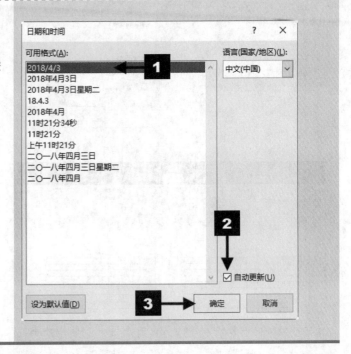

2. 快捷键

<Alt+Shift+D>组合键可以在光标处插入当前日期。
<Alt+Shift+T>组合键可以在光标处插入当前时间。

7.2 盘点差异计算

案例背景

在实际进行库存盘点时，由于盘点清册使用的往往是由企业 ERP 系统中导出的库存清单数据，而现实中可能有部分实物存在，但账目中并没显示，这时就需要手工填写空白盘点卡。所以，灵活处理盘点中的差异也非常重要。

本案例就是把系统数据与盘点数据进行对比，从而计算出盘点差异。

盘点差异计算

关键技术点

要实现本例中的功能，读者应当掌握以下 Excel 技术点。

- 合并计算
- VLOOKUP 函数
- IFNA 函数
- INDIRECT 函数

最终效果展示

Item	System	Count	Discrepancy
SA39939	90	90	0
SA39939A	39	39	0
SA39939S	0	38	38
SA39951	0	113	113
SA39954	0	64	64
SA39992	0	309	309
SA39992A	0	38	38
SA-2310	0	23	23
DS-4321	0	54	54
DS43211	0	129	129

盘点差异计算（部分表格）

示例文件

\示例文件\第 7 章\盘点差异计算.xlsx

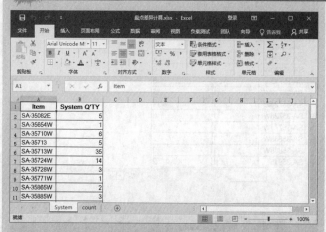

Step 1 打开源文档

打开"盘点差异计算.xlsx"工作簿，工作表"System"中的是系统数据，工作表"count"中的是盘点数据。

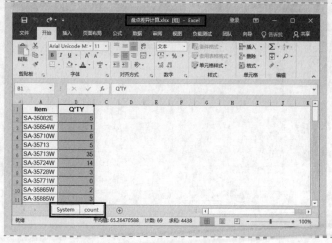

Step 2 添加辅助列

添加辅助列是为了从两个工作表中得出所有不重复的 Item 数据。

① 按住<Ctrl>键的同时选中两个工作表，在 Excel 窗口标题栏上会显示"组"字样。

② 选中 B 列，然后单击鼠标右键，在弹出的下拉菜单中单击"插入"命令。

③ 在插入的列中输入标题"计数"，在其下面快速填充数字"1"。

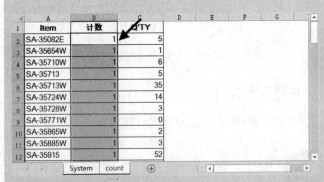

此时，在两个工作表的同样位置都添加了辅助列，并且输入了相同的数据。

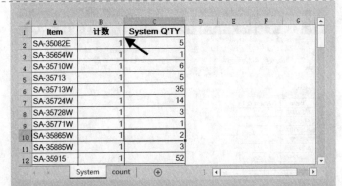

Step 3 合并计算

① 添加一新工作表，并将其命名为"Discrepancy"。

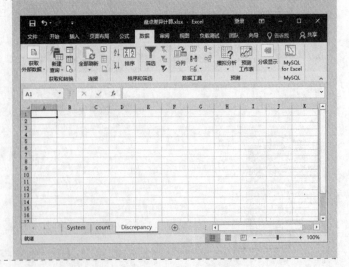

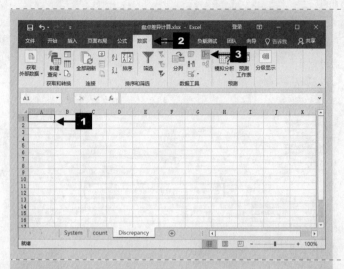

② 将光标定位在 "Discrepancy" 工作表的 A1 单元格，然后依次单击 "数据" → "数据工具" 组中的 "合并计算" 按钮 ⯅⯅。

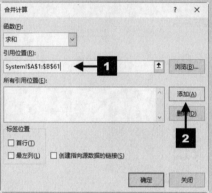

③ 在弹出的 "合并计算" 对话框中，将光标定位在 "引用位置" 编辑框中，单击 "System" 工作表，选中数据区域 A1:B61，在引用位置编辑框中就输入了 "System!$A$1:$B$61"，然后单击 "添加" 按钮。

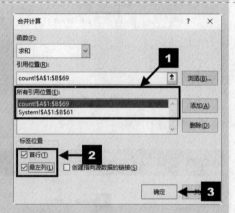

④ 用同样方法添加引用位置 "count!$A$1:$B$69"，然后勾选标签位置的 "首行" 和 "最左列" 复选框，最后单击 "确定" 按钮。

在 Discrepancy 工作表中就得到了系统数据与盘点数据中所有不重复的 Item 数据。

⑤ 在 A1 单元格添加标题"Item"。删除 3 个工作表中的辅助列。

Step 4 编写公式一

① 在 Discrepancy 工作表的 B1:D1 单元格区域中输入标题文本。

② 在 B2 单元格中输入如下公式，返回 A2 单元格中 Item 的系统数量。

```
=IFNA(VLOOKUP($A2,INDIRECT(B$1&"!$A:
$B"),2,),)
```

按<Enter>键确认。

③ 向右拖曳，选中 B2:C2 单元格区域，双击填充柄向下复制填充公式。

Step 5 编写公式二

在 D2 单元格中输入如下公式，返回系统数量与盘点数量的差异。

```
=C2-B2
```

按<Enter>键确认。

双击 D2 单元格右下角的填充柄，向下复制填充公式。

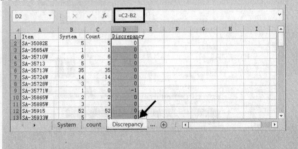

Step 6 冻结窗格

选中 B2 单元格，依次单击"视图"→"窗口"组中的"冻结窗格"，在弹出的列表中单击"冻结拆分窗格"命令。

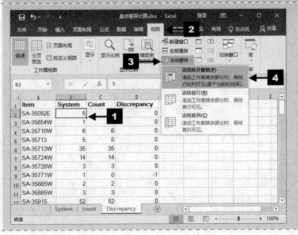

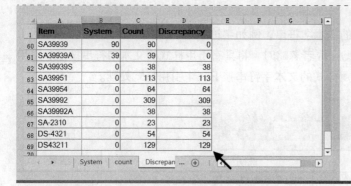

Step 7 美化工作表

① 设置字体和字号。

② 调整列宽。

③ 设置边框和填充。

④ 消除网格线的显示。

关键知识点讲解

1. 函数应用：IFNA 函数

函数用途

如果公式返回错误值#N/A，则结果返回指定的值；否则返回公式的结果。

该函数是从 Excel 2013 版本开始新增的函数，如果文件需要在 Excel 2007—2010 版本中使用，可使用 IFERROR 函数。IFERROR 函数的语法与 IFNA 函数类似，但是其可以判断公式返回的更多错误类型。

函数语法

IFNA(value,value_if_na)

参数说明

value   必需。用于检查错误值#N/A 的参数。

value_if_na   必需。公式计算结果为错误值#N/A 时要返回的值。

函数简单示例

	A	B
1	水果	数量
2	红富士苹果	90
3	火龙果	96
4	巨峰葡萄	25
5	李子	10
6	荔枝	26
7	榴莲	18

示例	公式	说明	结果
1	=IFNA(VLOOKUP("菠萝", $A$2:$B$7,2,0),"未找到")	IFNA 检验 VLOOKUP 函数的结果。因为在查找区域中找不到"菠萝"，VLOOKUP 将返回错误值#N/A。 IFNA 返回指定字符串"未找到"，而不是错误值#N/A	未找到

2. 函数应用：INDIRECT 函数

函数用途

将具有引用样式的文本字符串变成真正的引用。

函数语法

INDIRECT(ret_text,[a1])

📖 参数说明

ret_text　必需。是具有引用样式的文本字符串，例如字符串 "A1" 或公式="D"&20。

a1　可选。为一逻辑值，当为 TRUE 或者忽略时，将具有引用样式的文本字符串按 A1 引用样式处理；当为 FALSE 时，将具有引用样式的文本字符串按 R1C1 引用样式处理。

📖 函数简单示例

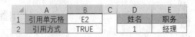

示例	公式	说明	结果
1	=INDIRECT(B1,B2)	将 B1 中的字符串 "E2" 变成实际引用，最终返回 E2 单元格中的值	经理
2	=INDIRECT("A1")	将字符串 "A1" 变成实际引用，最终返回 A1 单元格中的值	引用单元格
3	=INDIRECT("A"&1)	用字符串"A"和 1 连接变成具有引用样式的新字符串 "A1"，最终返回 A1 单元格中的值	引用单元格

📖 本例公式说明

以下为本案例中 B2 单元格的公式。

`=IFNA(VLOOKUP($A2,INDIRECT(B$1&"!$A:$B"),2,),)`

（1）INDIRECT(B$1&"!$A:$B")。

INDIRECT 的参数是引用地址的文本，因此我们可以使用文本连接符和丰富的文本函数来灵活构造目标引用的文本地址，使 Excel 更加智能。

在以上公式中，如果使用直接方式，那么 B 列 VLOOKUP 函数的第二参数应该是 System!A:B，而在 C 列应该是 Count!A:B，而现在只要使用一个 INDIRECT(B$1&"!A:B")就可以了。

因为 INDIRECT 的参数 B$1&"!A:B"形成字符串"System!A:B"，再用 INDIRECT 函数返回 System!A:B 的实际引用；当拖动填充公式到 C 列时，参数自动调整为 C$1&"!A:B"， INDIRECT 函数返回 Count!A:B 的实际引用，此方法使公式更加智能。

（2）该公式里的 VLOOKUP 函数将在 "System" 工作表的 A :B 区域查找 A2 单元格中的数据。若能找到，返回该表格里的同行 B 列里的值；否则返回错误值#N/A。

（3）当 VLOOKUP 函数返回结果时，IFNA 函数开始对该结果进行判断。若为错误值，IFNA 在单元格中返回 "0"；否则就返回 VLOOKUP 函数的计算结果。

7.3　根据系统数据生成正确的物料料号

案例背景

在仓库管理工作中，除了大型的有组织、有策划的每半年度或年度大盘点外，在平时工作中，员工也应自行盘点库存，确保库存的准确性。这类盘点没有大型盘点那么正式，可以理解为一种库存与系统数据的核对。

关键技术点

要实现本例中的功能，读者应当掌握以下 Excel 技术点。

● INDEX 函数

- SUBSTITUTE 函数
- MATCH 函数

最终效果展示

系统料号	手工料号	生成正确料号
DS31230	DS-31230	DS31230
DS-32100	DS-32100	DS-32100
DS-32110	DS-32110	DS-32110
DS32120	DS32120	DS32120
DS34560	DS34560	DS34560
DS31240	DS31240	DS31240
DS31260	DS3-1260	DS31260
DS39939	DS39939	DS39939
DS39939A	DS39939A	DS39939A
DS-35761	DS-35761	DS-35761
DS39452	DS39452	DS39452
DS35904	DS-35904	DS35904

根据系统数据生成正确的物料料号

示例文件

\示例文件\第 7 章\根据系统数据生成正确的物料料号.xlsx

本案例中是一小型企业的一次小的盘点活动，需要把系统数据与手工记录的信息进行比对。

Step 1 打开源文档

在打开的"根据系统数据生成正确的物料料号.xlsx"工作簿中，可以看到"生成正确料号"工作表的 A 列是系统记录的产品料号，每个料号都是唯一存在的。C 列是盘点时手工记录的料号，它们之前的差异在于有的系统料号没有分隔符"–"，而手工记录的料号则有；或者说系统数据中有，而手工记录中却没有。

这个时候如果进行数据核对，确定盘点差异的话是很困难的，所以需要将手工记录的产品料号转换为系统可识别的正确料号。

Step 2 编写公式

① 在 D1 单元格中输入标题"生成正确料号"。

② 在 D2 单元格中输入如下公式。

```
=INDEX(A$2:A$13,MATCH(SUBSTITUTE
(C2,"-",""),SUBSTITUTE(A$2:A$13,"-",""),
))
```

按<Ctrl+Shift+Enter>组合键确认。

③ 双击 D2 单元格右下角的填充柄，向下复制填充公式。

Step 3 美化工作表

① 设置字体、字号。

② 调整第 1 行的行高。

③ 设置框线。

④ 取消网格线的显示。

关键知识点讲解

1. 替换字符

在 A1 单元格里输入"ExcelHome 中文论坛"，现需要将"论坛"替换为"社区"。可借助 SUBSTITUTE 函数来实现。

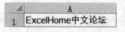

示例	公式	说明	结果
1	=SUBSTITUTE(A1,"论坛","社区")	将 A1 单元格内的"论坛"替换为"社区"	ExcelHome 中文社区

2. 函数应用：SUBSTITUTE 函数

■ **函数用途**

用新字符串替换字符串中的部分字符串。

☐ **函数语法**

SUBSTITUTE(text,old_text,new_text,[instance_num])

☐ **参数说明**

text 必需。为需要替换其中字符的文本，或是需要替换其中字符的单元格引用。

old_text 必需。为需要替换的旧文本。

new_text 必需。用于替换 old_text 的文本。

Instance_num 可选。用数值指定以 new_text 替换第几次出现的 old_text。如果省略，则 new_text 替换 text 中出现的所有 old_text。

☐ **函数简单示例**

示例	公式	说明	结果
1	=SUBSTITUTE(A1,"论坛","社区")	将 A1 单元格内的"论坛"替换为"社区"	ExcelHome 中文社区
2	=SUBSTITUTE(A3,1,2,1)	用 2 替换第一个 1（2011 年第一季度）	2021 年第一季度
3	=SUBSTITUTE(A3,1,2,2)	用 2 替换第二个 1（2011 年第一季度）	2012 年第一季度

☐ **本例公式说明**

以下为本案例中 D2 单元格的公式。

`=INDEX(A$2:A$13,MATCH(SUBSTITUTE(C3,"-",""),SUBSTITUTE(A$2:A$13,"-",""),))`

（1）以 C2 单元格 DS–31230 为例，最终匹配 A2:A13 单元格区域的 A2 单元格 DS31230,即 A2:A13 单元格区域的第一个单元格，用公式表示为=INDEX(A2:A13,1)。

（2）INDEX 函数的第二参数 1 是由 C2 单元格和 A2:A13 单元格区域忽略破折号"–"后 MATCH 匹配的结果，即：=MATCH(C2 忽略"–"，A2:A13 区域忽略"–"，0)。

（3）C2 忽略破折号可以用 SUBSTITUTE(C2,"–","")得出，A2:A13 单元格区域忽略破折号同样可以用 SUBSTITUTE(A2:A13,"–","")得出。因为 A2:A3 单元格区域对每一个手工料号来说都是固定的，所以使用绝对引用$A$2:$A$13。

所以最终的公式如下。"=INDEX(A$2:A$13,MATCH(SUBSTITUTE(C3,"–",""),SUBSTITUTE(A$2:A$13,"–",""),))"

最后按<Ctrl+Shift+Enter>组合键完成输入。

第 **8** 章　出货管理

　　物资出库是指根据仓库出库凭证，将所需物资发放到需用单位的各种业务活动。

　　物资出库是物资储存阶段的结束，是储运业务流程的最后阶段，标志着物资实体转移到生产领域的开始。

8.1 遵循先进先出法查找最早入库的库位信息

案例背景

在企业出货作业中，有一项严格的作业标准就是要遵循先进先出的原则，即 FIFO。而先进先出最为直观的指标就是产品的生产入库日期，也就是说先生产入库的产品要先完成出货。

关键技术点

要实现本例中的功能，读者应当掌握以下 Excel 技术点。

- 数据的多重排序
- INDEX 函数
- IF 函数
- MATCH 函数
- MIN 函数

最终效果展示

料号	生产日期	库位号		需发货料号	查找库位
LD4045W	1/24/2018	A1-7		LD5865W	A1-4
LD5865W	1/1/2000	A1-4		LD5964W	A1-2
LD5865W	6/17/2016	A1-0		LD5760W	A1-0
LD5964W	4/1/2016	A1-1		LD5761W	A1-9
LD5964W	1/14/2013	A1-7			
LD5964W	9/19/2016	A1-7			
LD5964W	6/18/2014	A1-9			
LD5964W	5/21/2014	A1-5			
LD5964W	6/19/2011	A1-2			
LD5964W	3/1/2017	A1-6			
LD5760W	1/19/2018	A1-4			

产品生产日期登记

示例文件

\示例文件\第 8 章\产品生产日期登记表.xlsx

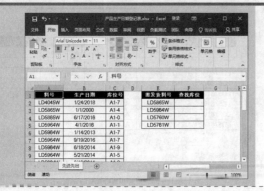

Step 1 打开源工作簿

打开"产品生产日期登记表.xlsx"工作簿，根据 E 列的"需发货料号"，遵循先进先出的原则，找到对应的库位号，以便仓管员及时将货品出库。

Step 2 数据排序

① 选中数据区域的任意单元格，如 A1 单元格，切换到"数据"选项卡，单击"排序和筛选"组中的"排序"按钮。

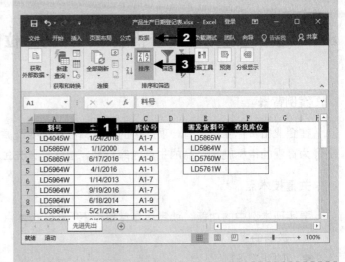

② 在弹出的"排序"对话框中，设置"主要关键字"为"料号"，"排序依据"为"单元格值"，"次序"为"升序"，然后单击"添加条件"按钮。

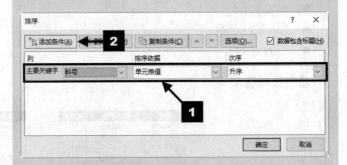

③ 设置"次要关键字"为"生产日期"，"排序依据"为"单元格值"，"次序"为"升序"，然后单击"确定"按钮。

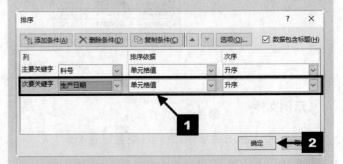

Step 3 编写公式一

① 在 F2 单元格中输入如下公式。

`=INDEX(C:C,MATCH(E2,A:A,0))`

按<Enter>键确认。

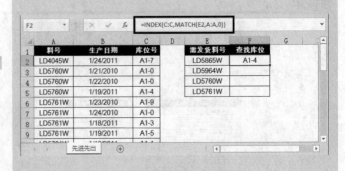

② 双击 F2 单元格右下角的填充柄，向下复制填充公式。

此时，在 F2:F5 单元格区域输入了相应的库位号。

Step 4 不排序，直接使用公式

如果数据列表不进行排序，也可以使用公式得到需要的库位。

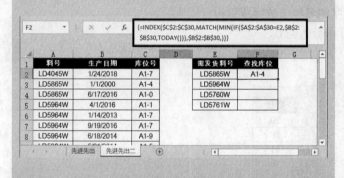

Step 5 编写公式二

① 在 F2 单元格中输入如下数组公式。

```
=INDEX($C$2:$C$30,MATCH(MIN(IF($A$2:
$A$30=E2,$B$2:$B$30,TODAY())),$B$2:$B
$30,))
```

按<Ctrl+Shift+Enter>组合键确认。

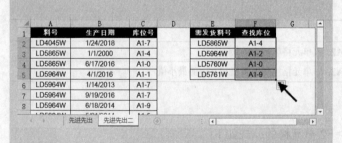

② 双击 F2 单元格右下角的填充柄，向下复制填充公式。

此时，在 F2:F5 单元格区域输入了相应的库位号。

关键知识点讲解

1. TODAY 函数

■ 函数用途

返回当前日期。

☐ **函数语法**

TODAY( )

此函数没有参数，但必须有一对括号（ ）。

☐ **函数简单示例**

示例	公式	说明	结果
1	=TODAY()	返回当前的系统日期	随系统日期的不同返回不同的结果

2. 函数应用：MIN 函数

☐ **函数用途**

返回一组值中的最小值。

☐ **函数语法**

MIN(number1,[number2],...)

☐ **参数说明**

number1,number2,...   是要从中查找最小值的 1~255 个数字。

☐ **函数说明**

● 参数可以是数字或者是包含数字的名称、数组或引用。

● 如果参数中不含数字，则 MIN 函数返回 0。

☐ **函数简单示例**

	A
1	**数据**
2	20
3	18
4	11
5	16
6	1

示例	公式	说明	结果
1	=MIN(A2:A6)	A2:A6 单元格区域中的最小值	1
2	=MIN(A2:A6,0)	A2:A6 单元格区域的数值和 0 中的最小值	0

☐ **本例公式说明**

本案例中的"先进先出"工作表中 F2 单元格的公式如下。

```
=INDEX(C:C,MATCH(E2,A:A,0))
```

从 C 列"库位"中返回一个数据，这个数据在 C 列中的位置正好是"需发货料号"E2 在 A 列"料号"中第一次出现的位置。

本案例中的"先进先出二"工作表中 F2 单元格的数组公式如下。

```
=INDEX($C$2:$C$30,MATCH(MIN(IF($A$2:$A$30=E2,$B$2:$B$30,TODAY())),$B$2:$B$30,))
```

公式首先利用 IF 函数来确定产品料号在 A 列的区间，由于最迟的入库日期不会超过当日，所以 IF 函数的第三个参数用了 TODAY()；再使用 MIN 函数求出最小的日期，即最早入库日期；然后使用 INDEX 和 MATCH 函数配合得到相应的库位。

扩展知识点讲解

（一）函数应用：MAX 函数

■ 函数用途
返回一组值中的最大值。

■ 函数语法
MAX(number1,[number2],...)

■ 参数说明
number1,number2,...　是要从中找出最大值的 1~255 个数字参数。

■ 函数说明
- 参数可以是数字或者是包含数字的名称、数组或引用。
- 数组或引用中的空白单元格、逻辑值或文本将被忽略。
- 如果参数不包含数字，MAX 函数返回 0（零）。

■ 函数简单示例

	A
1	数据
2	20
3	18
4	11
5	16
6	1

示例	公式	说明	结果
1	=MAX(A2:A6)	A2:A6 单元格区域中的最大值	20
2	=MAX(A2:A6,30)	A2:A6 单元格区域和 30 中的最大值	30

（二）常见的日期计算函数

在实际工作中，会遇到其他计算日期的情况，下面介绍一些计算日期的常用公式。

1. YEAR 函数

■ 函数用途
返回某日期对应的年份。返回值为 1900~9999 的整数。

■ 函数语法
YEAR(serial_number)

■ 参数说明
serial_number　必需。为一个日期值。还可以指定加半角双引号的表示日期的文本。如："2017 年 1 月 15 日"。

■ 函数简单示例
示例数据如下。

	A
1	**日期**
2	2012/10/28
3	2015/10/24

示例	公式	说明	结果
1	=YEAR(A2)	A2 单元格内日期的年份	2012
2	=YEAR("2018-5-20")	日期 2018-5-20 的年份	2018

2. MONTH 函数

▣ 函数用途

返回以序列号表示的日期中的月份。返回值是 1~12 的整数。

▣ 函数语法

MONTH(serial_number)

▣ 参数说明

serial_number　必需。为一个日期值。还可以指定加半角双引号的表示日期的文本。如："2017 年 1 月 15 日"。

▣ 函数简单示例

	A
1	**日期**
2	2015/8/2
3	2015/9/2

示例	公式	说明	结果
1	=MONTH(A2)	A2 单元格内日期的月份	8
2	=MONTH("2017-6-24")	日期 2017-6-24 的月份	6

3. DAY 函数

▣ 函数用途

返回以序列号表示的日期中的天数。返回值为 1~31 的整数。

▣ 函数语法

DAY(serial_number)

▣ 参数说明

serial_number　必需。为一个日期值。还可以指定加半角双引号的表示日期的文本。如："2017 年 1 月 15 日"。

▣ 函数简单示例

	A
1	2015/5/5

示例	公式	说明	结果
1	=DAY(A1)	A1 单元格内日期中的天数	5
2	=DAY("2018-6-15")	日期 2018-6-15 中的天数	15

4. NOW 函数

■ 函数用途

返回当前日期和时间所对应的序列号。

■ 函数语法

NOW( )

此函数没有参数，但必须有一对括号（ ）。

■ 函数简单示例

示例	公式	说明	结果
1	=NOW()	返回当前的系统日期和时间	随系统日期和时间的不同而返回不同的结果

5. NETWORKDAYS 函数

■ 函数用途

计算起始日和结束日间的天数（除去星期六、星期日和自定义的节假日）。

■ 函数语法

NETWORKDAYS(start_date,end_date,[holidays])

■ 参数说明

start_date　必需。为一个代表开始日期的日期，还可以指定加双引号的表示日期的文本。

end_date　必需。为一个代表终止日期的日期。同 start_date 参数相同，可以是表示日期的序列号或文本，也可以是单元格引用日期。

holidays　可选。表示需要从工作日历中排除的日期值，如一些法定假日等。参数可以是包含日期的单元格区域，或是表示日期序列号的数组常量。也可以省略此参数；省略时，用除去星期六和星期天的天数计算。

■ 函数说明

如果任一参数不是有效日期，则 NETWORKDAYS 返回错误值#VALUE!。

■ 函数简单示例

	A	B
1	日期	说明
2	2014/10/1	项目的开始日期
3	2016/3/1	项目的终止日期
4	2014/11/25	假日
5	2014/12/15	假日
6	2016/1/20	假日

示例	公式	说明	结果
1	=NETWORKDAYS(A2,A3)	A2 单元格的开始日期和 A3 单元格的终止日期之间工作日的天数	370
2	=NETWORKDAYS(A2,A3,A4)	A2 单元格的开始日期和 A3 单元格的终止日期之间工作日的天数，不包括 A4 单元格中的假日	369
3	=NETWORKDAYS(A2,A3,A4:A6)	A2 单元格的开始日期和 A3 单元格的终止日期之间工作日的天数，不包括 A4:A6 单元格区域中所列出的假日	367

6. EOMONTH 函数

◻ **函数用途**

根据指定日期，计算出 n 个月之后或之前月份的最后一天的序列号。

◻ **函数语法**

EOMONTH(start_date,months)

◻ **参数说明**

start_date　必需。一个代表开始日期的日期。还可以指定加半角双引号的表示日期的文本。如："2017 年 1 月 15 日"。

months　必需。为 start_date 之前或之后的月份数。正数表示未来日期，负数表示过去日期。如果 months 不是整数，将截尾取整。

◻ **函数简单示例**

示例	公式	说明	结果
1	=EOMONTH(A2,1)	此函数表示 A2 日期之后 1 个月的月末日期	2015-8-31
2	=EOMONTH(A2,-3)	此函数表示 A2 日期之前 3 个月的月末日期	2015-4-30

若显示的结果为类似于"42247"的数字，则可以通过调整单元格格式来获得日期格式。

7. WORKDAY 函数

◻ **函数用途**

返回在某日期之前或之后，与该日期相隔指定工作日的某一日期的日期序列号。

◻ **函数语法**

WORKDAY(start_date,days,[holidays])

◻ **参数说明**

start_date　必需。为一个代表开始日期的日期，也可以指定加双引号的表示日期的文本。

days　必需。指定计算的天数，为 start_date 之前或之后不含周末及节假日的天数。如果 days 不是整数，将截尾取整。Days 为正值，将产生未来日期；Days 为负值，将产生过去日期，如参数为–10，则表示 10 个工作日前的日期。

holidays　可选。表示需要从工作日历中排除的日期值，如一些法定假日等。参数可以是包含日期的单元格区域，也可以是由代表日期的序列号所构成的数组常量。

🔲 函数简单示例

	A	B
1	日期	说明
2	2014/10/1	起始日期
3	180	完成所需天数
4	2014/11/25	假日
5	2014/12/8	假日
6	2015/1/24	假日

若显示的结果为类似于"42165"的数字，可以通过调整单元格格式来获得日期格式。

示例	公式	说明	结果
1	=WORKDAY(A2,A3)	从起始日期开始 180 个工作日的日期	2015-6-10
2	=WORKDAY(A2,A3,A4:A6)	从起始日期开始 180 个工作日的日期，除去 A4:A6 单元格区域指定的假日	2015-6-12

前面简单介绍了 7 个日期函数的语法知识，下面举几个在实际工作中运用的例子。

单击任意单元格，然后输入表格里的任意公式，按<Enter>键确认，系统将自动显示对应的日期。

公式	说明（结果）
=YEAR(NOW())	返回当前年份
=MONTH(NOW())	返回当前月份
=DAY(NOW())	返回当前日期是几号
=TODAY()	返回当前日期
=NOW()	返回当前日期和时间
=NETWORKDAYS(TODAY(),EOMONTH(TODAY(),0))	返回当前时间距离月末还有多少工作日
=WORKDAY(TODAY(),15)	返回 15 个工作日以后的日期

8.2 借助 Excel VBA 编制按客户料号汇总的 Packing List（装箱单）

案例背景

在出货作业中，需要按客户要求制作出货单据。本案例中，由于多个供应商料号对应一个客户料号，所以希望最终再有一份清单，该清单需要按照客户料号进行汇总。

关键技术点

要实现本例中的功能，读者应当掌握以下 Excel 技术点。

● VBA（宏的使用）

最终效果展示

HH P/N	Total Qty(pcs)
CXVVD880-00747-MR	768000
CXVVD880-00785-MR	1792
CXVVD880-00786-MR	2184
CXVVD880-00788-MR	532
CXV870-03289-MR	768
CXV870-03292-MR	936
CXV870-03483-MR	256
CXV870-03809-MR	256
CXV870-04198-MR	1008
CXV870-04203-MR	294
CXV870-04260-MR	275
CXV870-04265-MR	275
CXV870-04287-MR	275
BGF700-04489-MR	768
BGF700-04738-MR	948
XCVD945-07330-MR	376
XCVD945-07652-MR	312
XCVD945-07734-MR	1420
XCVD945-07921-MR	1100
XCVD945-08065-MR	1992
总计	783767

装箱单

示例文件

\示例文件\第 8 章\按客户料号汇总的 Packing List.xlsm

可实现分类汇总要求的方法很多，但考虑到使用的频率很高以及数据行数的不确定性，使用 Excel VBA 的字典功能进行分类汇总较为适宜。

Step 1 打开源工作簿

企业日常的商品供需流水清单存放在 "按客户料号汇总的 Packing List.xlsx" 工作簿的 "Packing list WH" 工作表中。

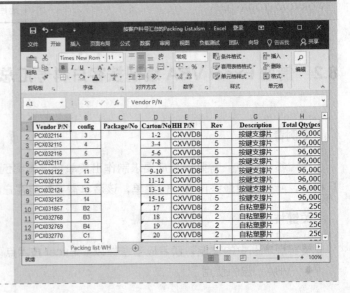

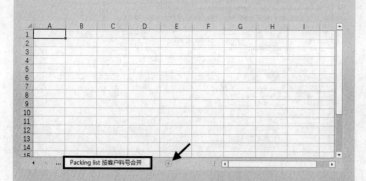

Step 2 添加新工作表

单击"Packing list WH"工作表右侧的"新工作表"按钮 ⊕，在原工作表的右侧添加一新工作表，并将其重命名为"Packing list 按客户料号合并"，用来存放按客户料号进行汇总的数据。

Step 3 启动 VBA 编辑器

切换到"Packing list 按客户料号合并"工作表，按<Alt+F11>组合键，启动 VBA 编辑器。

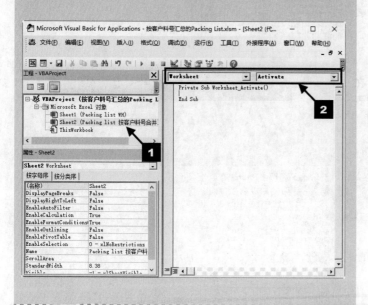

Step 4 选择 Worksheet_Activate() 事件

在工程窗口中双击 Sheet2(Packing list 按客户料号合并)，在对象选择框中选择 Worksheet，选择 Activate 事件。

Step 5 编写 VBA 代码

① 输入以下事件代码。

② 单击"常用"工具栏的"保存"按钮，保存所输入的代码。

```vba
Private Sub Worksheet Activate()
Dim d As Object
Dim i As Integer
  With Sheet1
  Set d = CreateObject("scripting.dictionary")
  endr = .Range("E65536").End(xlUp).Row
  arr = .Range("E2:H" & endr)
For i = 1 To UBound(arr)
  d(arr(i, 1)) = d(arr(i, 1)) + arr(i, 4)
  Sheet2.Range("A2").Resize(d.Count, 1) = Application.WorksheetFunction.Transpose(d.keys)
  Sheet2.Range("B2").Resize(d.Count, 1) = Application.WorksheetFunction.Transpose(d.items)
  Next
  End With
End Sub
```

③ 单击"运行子过程/用户窗体"按钮，运行代码。

④ 切换到 Excel 界面，可以看到，在"Packing list 按客户料号合并"工作表中已经添加了汇总数据。

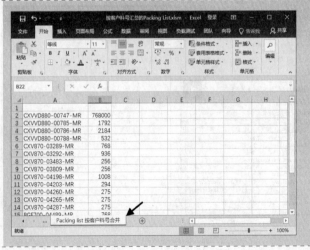

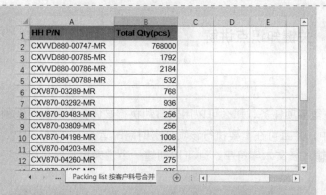

Step 6 添加标题并美化工作表

① 在 A1:B1 单元格区域添加标题。

② 美化工作表。

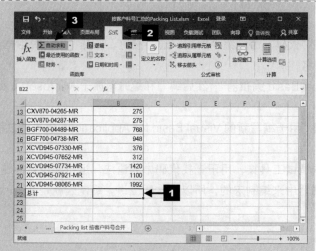

Step 7 自动求和

① 选中 B22 单元格，单击"公式"选项卡，在"函数库"组中单击"自动求和"按钮。

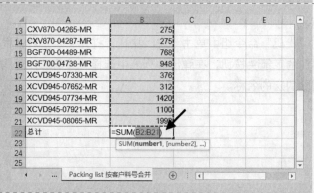

② 输入以下公式，按<Enter>键确认。

`=SUM(B2:B21)`

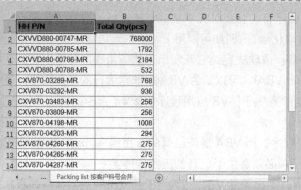

最终效果如图所示。

后续当用户在"Packing list WH"工作表中填写完相应数据，然后点击工作表标签，切换到另一张汇总工作表后，则数据会自动计算并更新。

关键知识点讲解

（一）宏的基本使用

如果经常在 Microsoft Excel 中重复某项任务，那么可以用宏自动执行该任务。宏是一系列命令和函数，存储于 Visual Basic 模块中，并且可在需要执行该项任务时随时运行。

例如，如果需要经常在单元格中输入长文本字符串，则可以创建一个宏来将单元格格式设置为文本，并可自动换行。

1. 编制宏

（1）单击"开发工具"选项卡，在"代码"命令组中单击"宏"按钮，打开"宏"对话框。

（2）在"宏名"文本框中输入宏的名称。

（3）单击"创建"按钮，进入"Visual Basic 编辑器"，然后编写和编辑附属于 Microsoft Excel 工作簿的宏。

● Visual Basic 编辑器是一种环境，用于编写新的 Visual Basic for Applications 代码和过程，并编辑已有的代码和过程。

● Visual Basic 编辑器包括完整的调试工具集，用于查找代码中的语法、运行和逻辑问题。

实际上我们是在 Visual Basic 编辑器中来编制宏的，所以从本质上讲，编制宏就是在 Visual Basic 编辑器中编制 VBA 代码。

2. 删除宏

（1）打开含有要删除的宏的工作簿。

（2）单击"开发工具"选项卡，在"代码"命令组中单击"宏"按钮，打开"宏"对话框。

（3）在"位置"下拉列表中单击右侧的下箭头按钮，在弹出的列表中选择"当前工作簿"。

（4）在"宏名"列表框中单击要删除的宏的名称。

（5）单击"删除"按钮。

（二）VBA 的使用

1. 什么是 VBA？

直到 20 世纪 90 年代早期，使应用程序自动化还是充满挑战性的领域。对每个需要自动化的应用程序，人们不得不学习一种不同的自动化语言。例如可以用 Excel 的宏语言来使 Excel 自动化，使用 Word Basic 来使 Word 自动化，等等。微软决定让它开发出来的应用程序共享一种通用的自动化语言——Visual Basic For Application(VBA)，可以认为 VBA 是非常流行的应用程序开发语言 VASUAL BASIC 的子集，实际上 VBA 是"寄生于"VB 应用程序的版本。VBA 和 VB 的区别包括如下几个方面：

（1）VB 是设计用于创建标准的应用程序，而 VBA 是使已有的应用程序(Excel 等)自动化。

（2）VB 具有自己的开发环境，而 VBA 必须寄生于已有的应用程序。

（3）要运行 VB 开发的应用程序，用户不必安装 VB，因为 VB 开发出的应用程序是可执行文件(*.EXE)，而 VBA 开发的程序必须依赖于它的 "父" 应用程序，例如 EXCEL。

尽管存在这些不同，VBA 和 VB 在结构上仍然十分相似。事实上，如果你已经了解了 VB，就会发现学习 VBA 非常快。相应的，学完 VBA 会给学习 VB 打下坚实的基础。VBA 的一个关键特征是你所学的知识可以转化到微软的一些产品中。

VBA 究竟是什么？更确切地讲，它是一种自动化语言，它可以使常用的程序自动化，可以创建自定义的解决方案。

2. 为什么要用 VBA？

这里说几个简单的理由，具体如下。

（1）当使用 Excel 为平台时，你的程序就可以利用 Excel 现有的功能，可以站在一个小巨人的肩膀上，这就可以大大减少开发的周期。

（2）几乎所有的电脑中都安装有 Excel，也有大量的人正在使用 Excel，但并不是每个人都会使用 VBA；当你了解 VBA 后，以前的很多问题就可能在这里迎刃而解。

（3）Excel 开发程序分发很容易，只要电脑中有 Excel，基本不需要其他的文件，简简单单地复制与粘贴，就可以完成文件的分发。

（4）VBA 的语言是相对容易学的语言，很容易上手。如果你熟悉 VB，就会发现它们在语言方面是相通的；而如果你对 Excel 比较了解，那你也就很容易理解 Excel 的各种对象了。

但是任何东西都不是万能的，Excel 与 VBA 也是一样。

例如，Excel 是一个电子表格程序，如果你把它强加成数据库软件，就是不公平的，在处理较少的数据，比如几千行的数据时，用 Excel 是比较理想的；而处理大量的数据时，你就应该考虑用数据库了，比如 Microsoft Office 中的 Access 等，或者将两个相结合。

本例代码说明

下面的代码利用注释对使用的代码进行了说明。

```
Private Sub Worksheet Activate()
Dim d As Object          '声明一个对象
Dim i As Integer         '定义变量名为 i 数据类型为整型的变量
With Sheet1              '在工作表 Sheet1 执行语句
  Set d = CreateObject("scripting.dictionary")      '设置字典 d
  endr = .Range("E65536").End(xlUp).Row             '当前区域赋值到数组 endr
  arr = .Range("E2:H" & endr)                       '当前区域赋值到数组 arr
  For i = 1 To UBound(arr)                          '循环
    d(arr(i, 1)) = d(arr(i, 1)) + arr(i, 4)         '赋值
    Sheet2.Range("A2").Resize(d.Count, 1) = Application.WorksheetFunction.Transpose(d.keys)
    Sheet2.Range("B2").Resize(d.Count, 1) = Application.WorksheetFunction.Transpose(d.items)
  Next
End With                 '语句结束

End Sub
```

8.3 使用 Bartender 连接 Excel 打印带二维码的出货清单

案例背景

现如今，二维码已经渗透到工作和社会生活的方方面面。在企业生产出货过程中，需要附带

送货单，而很多客户是需要在送货单上附加二维码的。作为全球知名的专业二维码标签制作打印软件，"BarTender"是很多公司的首选。事实上，通过简单的设置，即可借助 BarTender 软件打印出带二维码的送货单。

关键技术点

要实现本例中的功能，读者应当掌握以下 Excel 技术点。

- Excel 中文本符号的使用
- BarTender 软件的使用

最终效果展示

序号	厂商料号	订单号	订单行	数量	客户料号	规格 （宽度X长度X卷数）	单位	条形码
1	71420018	2143184	1	1968	201100. 32100	6R	FT	
2	71420019	2143184	2	656	12031000100	2R	FT	
3	71420020	2143200	1	1968	410256. 23100	6R	FT	
4	71420021	2143200	2	3608	521000. 32100	11R	FT	
5	71420022	2143200	3	1968	63602. 125400	6R	FT	
6	71420023	2143200	4	2296	62100. 12500	7R	FT	

开单人：_____　　仓管：_____　　送货人：_____　　客户签收：_____

带二维码的送货单

示例文件

\示例文件\第 8 章\DataBase.xlsx

常规操作下，用户只能在一个标签模板上打印一行数据，而装箱清单则需要在一张纸上打印多行数据。本例以 BarTender 10.1 为例，介绍通过一种特殊设置完成在一张 A4 纸上打印多行数据和条码的方法。

8.3.1 生成条码

Step 1 新建工作簿

新建一个 Excel 工作簿,并将其命名为"DataBase 模板",在工作表中输入如图所示的文本内容。

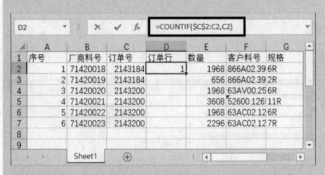

Step 2 输入订单行公式

① 选中 D2 单元格,输入以下公式,按 <Enter> 键确认。

`=COUNTIF($C$2:C2,C2)`

② 双击 D2 单元格右下角的填充柄,向下复制填充公式。

Step 3 编制条形码公式

① 选中 I2 单元格,输入以下公式,按 <Enter> 键确认。

`=C2&"|"&D2&"|"&E2&"|"&F2&"|"&G2&"|"&H2`

② 双击 I2 单元格右下角的填充柄，向下复制填充公式。

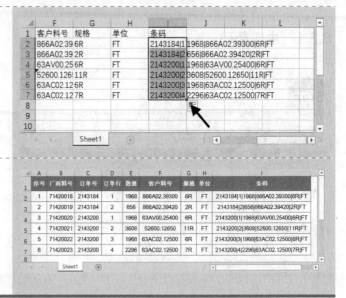

Step 4 美化工作表

① 设置字体、字号、加粗、居中。

② 调整行高和列宽。

③ 设置框线。

④ 取消网格线的显示。

8.3.2 带二维码的出货清单

Step 1 启动 BarTender

启动 BarTender 软件，创建一个空白标签模板。

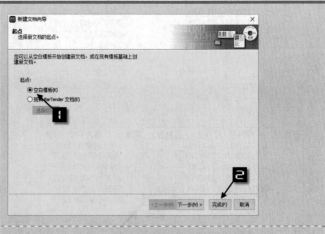

Step 2 页面设置

① 依次单击"文件" → "页面设置"，打开"页面设置"对话框。

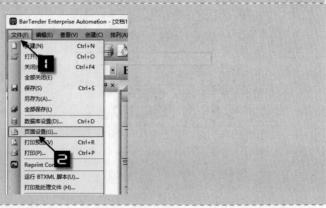

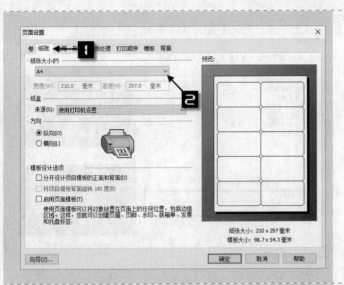

② 在"页面设置"对话框中，切换到"纸张"选项卡，设置纸张大小为"A4"。

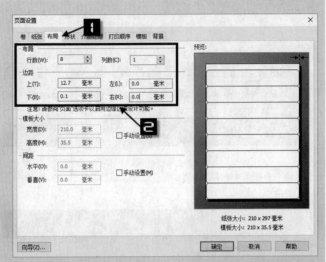

③ 切换到"布局"选项卡，根据实际需求设置行数、列数及上、下、左、右边距的值。

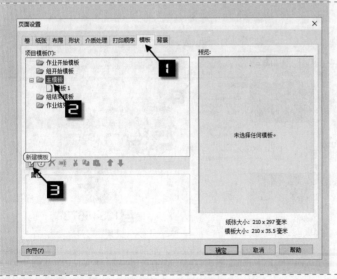

④ 切换到"模板"选项卡，选中"主模板"，然后单击"新建" 按钮，为文档新建一个模板。

⑤ 设置打印条件为"始终"。

⑥ 使用同样的方法为文档添加"模板3",最后单击"确定"按钮,关闭"页面设置"对话框。

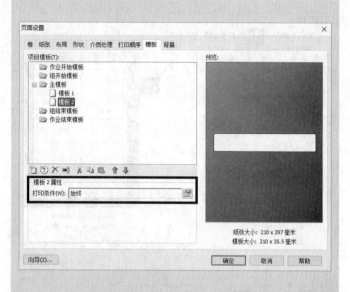

Step 3 页眉设置

在"模板1"中设置装箱单页眉。

单击工具栏中的"文本"下拉按钮,在下拉列表中选择文本对象为"单行",在设计区域拖动鼠标画出一个文本对象,然后输入"序号"。重复以上步骤,依次插入文本对象,并输入"厂商料号""订单号""订单行"等字段标题。

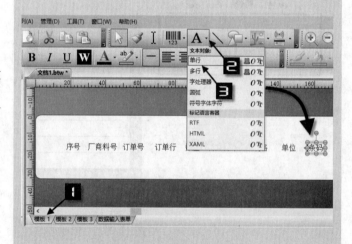

Step 4 装箱单内容设置

① 切换到模板2,设置装箱单内容。依次插入文本对象,然后输入任意序号、厂商料号、订单号、订单行等内容。

② 单击工具栏中的"条形码"按钮,在下拉列表中选择"更多条形码"命令,在"选择条形码"对话框中拖动右侧的滚动条,在列表中单击"OR Code",最后单击"选择"按钮。拖动鼠标在模板2的设计区域右侧画出一个二维码。

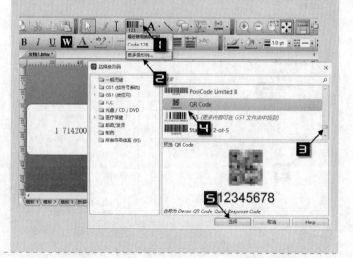

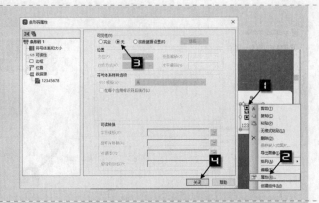

Step 5 条形码属性设置

在二维码上单击鼠标右键，在弹出的快捷菜单中单击"属性"，在"条形码属性"对话框的"可见性"区域勾选"无"单选钮，最后单击"关闭"按钮。

Step 6 插入文本对象

① 切换到模板 3，设置装箱单页脚内容。单击工具栏中的"文本"下拉按钮，在下拉列表中选择文本对象为"单行"。拖动鼠标画出一个文本对象，然后输入"开单人:""仓管:""送货人:""客户签收:"，各自段中间留适量的空格。

② 单击工具栏中的"线条"按钮，将线条添加到设计区域。

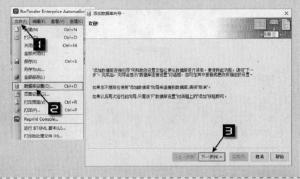

Step 7 数据库设置

① 单击"文件"→"数据库设置"命令，打开"数据库添加向导—欢迎!"对话框，单击"下一步"按钮。

② 在打开的"添加数据库向导—选择要使用的数据库类型"对话框中，选择"数据库平台"为"Microsoft Excel"，然后单击"下一步"按钮。

③ 在"添加数据库向导—选择要使用的 Excel 文件"对话框中，单击"浏览"按钮，定位到"DataBase 模板.xls"所在位置，再单击"下一步"按钮。

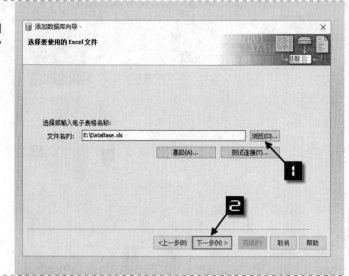

④ 在"添加数据库向导—选择表"对话框中，选择工作簿中存放数据的工作表；如该工作簿中只有一个工作表，则会自动添加。

⑤ 单击"完成"按钮，返回"数据库设置"对话框，最后单击"确定"按钮完成数据库添加。

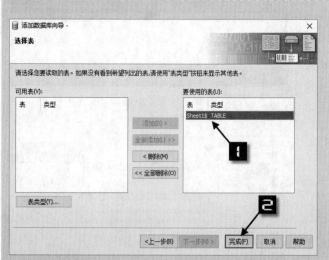

Step 8 设置文本属性

切换到模板 2，双击设计区域的首个文本对象，在打开的"文本属性"对话框中选择数据源，然后单击"类型"右侧的"更改数据源类型"按钮。

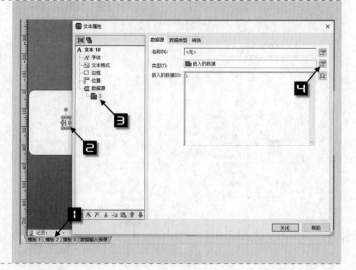

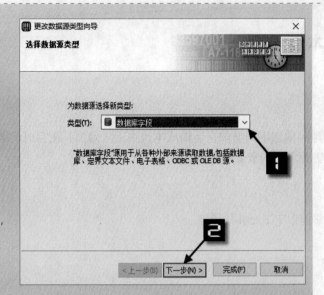

Step 9 更改数据源类型

① 在打开的"更改数据源类型向导—选择数据源类型"对话框中,选择新的数据源类型为"数据库字段",然后单击"下一步"按钮。

② 在弹出的"更改数据源类型—数据库字段"对话框中,选择"字段名"为"序号",最后单击"完成"按钮。

序号	厂商料号	订单号	订单行	数量	客户料号	规格 (宽度X长度X卷数)	单位	条形码
1	71420018	2143184	1	1968	201100. 32100	6R	FT	
2	71420019	2143184	2	656	12031000100	2R	FT	
3	71420020	2143200	1	1968	410256. 23100	6R	FT	
4	71420021	2143200	2	3608	521000. 32100	11R	FT	
5	71420022	2143200	3	1968	63602. 125400	6R	FT	
6	71420023	2143200	4	2296	62100. 12500	7R	FT	

开单人:_____ 仓管:_____ 送货人:_____ 客户签收:_____

重复 Step 4~Step 5,为每个文本对象和二维码对象添加数据库字段,完成装箱单制作。

启动打印预览,即可看到每行附带二维码的装箱清单,如图所示(本书中对二维码进行了模糊处理)。

8.4 规划求解最低运输成本

案例背景

在企业出货作业中，随着生产产地和销售地的增加，运输成本也在逐日增加。在完成产销链的同时，确保运输成本最低也是企业需要考虑的重要事项。

关键技术点

要实现本例中的功能，读者应当掌握以下 Excel 技术点。
● 规划求解

最终效果展示

单位成本	销售点一	销售点二	销售点三	销售点四
产地A	5	13	4	15
产地B	3	10	8	9
产地C	7	4	10	9

运量	销售点一	销售点二	销售点三	销售点四	实际销量合计		目标总销量
产地A	9	0	22	0	31		31
产地B	10	0	0	18	28		28
产地C	0	20	0	12	32		32
实际销量合计	19	20	22	30			

目标总销量	19	20	22	30

最低运输成本	513

运输成本表

示例文件

\示例文件\第 8 章\规划求解最低运输成本.xlsx

本案例中，各产地运往各销售点的单位成本已知，各产地和各销售点的目标销售量确定，需要知道由各产地运往各销售点的数量为多少时，总的运输成本最低。

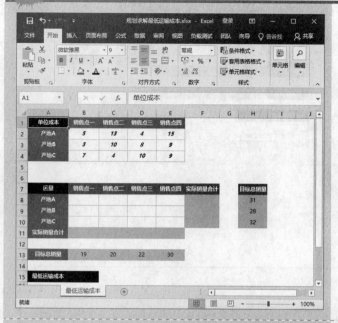

Step 1 打开源数据工作簿

在如图所示的"规划求解最低运输成本.xlsx"工作簿中,包含各产地和销售点的基本情况数据表。

其中,A1:E4 单元格区域为各产地至销售点的单位成本表。

H8:H10 和 B13:E13 单元格区域为各产地对应各销售点的目标总销量表。

最终需要求出的"最低运输成本"返回至 B15 单元格。

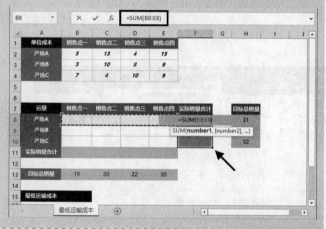

Step 2 批量输入公式

① 选中 F8:F10 单元格区域,输入函数名称 SUM 和左括号,然后拖动选中 B8:E8 单元格区域,按<Ctrl+Enter >组合键确认,为该区域输入如下求和公式。

=SUM(B8:E8)

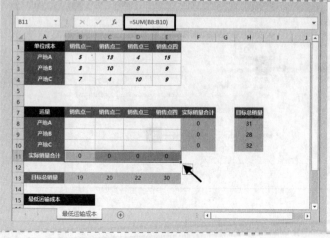

② 用同样的方法为 B11:E11 单元格区域输入如下求和公式。

=SUM(B8:B10)

按<Ctrl+Enter >组合键确认。

Step 3 编写最低运输成本公式

选中 B15 单元格，输入如下公式。

`=SUMPRODUCT(B2:E4,B8:E10)`

按<Enter >键确认。

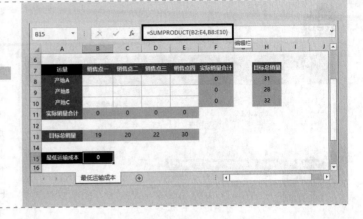

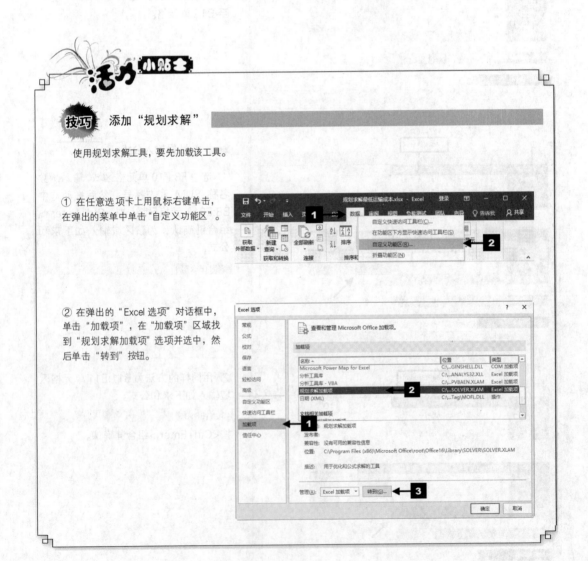

技巧 添加"规划求解"

使用规划求解工具，要先加载该工具。

① 在任意选项卡上用鼠标右键单击，在弹出的菜单中单击"自定义功能区"。

② 在弹出的"Excel 选项"对话框中，单击"加载项"，在"加载项"区域找到"规划求解加载项"选项并选中，然后单击"转到"按钮。

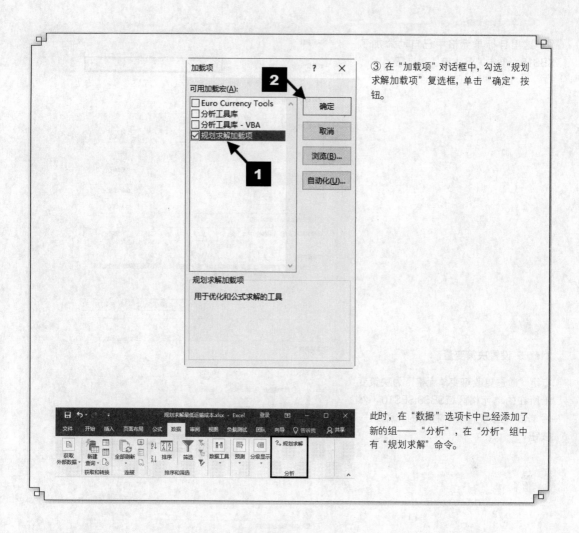

③ 在 "加载项" 对话框中，勾选 "规划求解加载项" 复选框，单击 "确定" 按钮。

此时，在 "数据" 选项卡中已经添加了新的组——"分析"，在 "分析" 组中有 "规划求解" 命令。

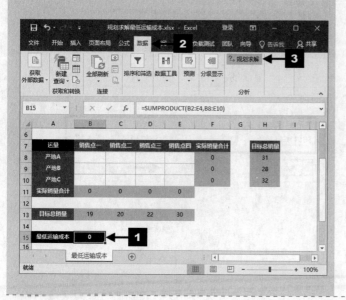

Step 4 启动规划求解

① 选中 B15 单元格，依次单击 "数据" → "规划求解"。

② 这里目标单元格中已自动添加了 $B$15，单击"最小值"单选钮。

Step 5 设置决策变量

指定"通过更改可变单元格"为决策变量所在的单元格区域$B$8:$E$10，然后单击"遵守约束"右侧的"添加"按钮。

Step 6 设置约束条件

① 在弹出的"添加约束"对话框中，在单元格引用位置中指定实际销量合计所在的单元格地址$B$11:$E$11，选择"="关系运算符，在约束值中输入目标总销量所在的单元格地址$B$13:$E$13，单击"添加"按钮，即添加了一个约束条件："$B$11:$E$11=$B$13:$E$13"。也就是要求实际销量合计要等于目标总销量。

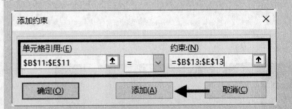

② 用同样的方法添加约束条件
"$B$8:$E$10>= 0",表示使各地运量
大于等于 0。

③ 添加实际销量合计要等于目标总销
量的约束条件 " $F$8:$F$10=$H$8:
$H$10"。

所有条件添加完成后,单击"确定"按
钮。

Step 7 求解

① 在返回的 "规划求解参数"对话框
中,设置"选择求解方法"为"单纯线
性规划",然后单击"求解"按钮。

② 在 "规划求解结果"对话框中,保
持所有默认设置,单击"确定"按钮。

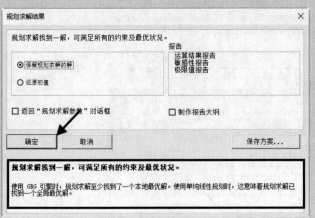

Step 8 确定最佳销售方案

此时可知最低的运输成本为 513。

产品 A 分别销往销售点一和销售点三为 9 和 22，产品 B 分别销往销售点一和销售点四为 10 和 18，产品 C 分别销往销售点二和销售点四为 20 和 12，此为最佳销售方案。

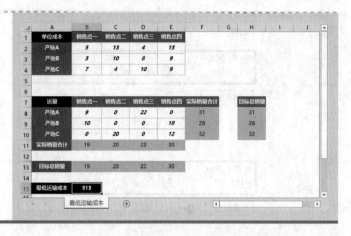

扩展知识点讲解

启用加载项时，加载项会向 Office 程序添加有助于提高生产效率的自定义命令和新功能。由于黑客可能会利用加载项恶意损害计算机，因此可以使用加载项安全设置来更改加载项的行为。

1. 启用加载项

如果确定加载项的来源可靠，则可以单击消息栏上的"启用内容"。

2. 永久禁用加载项

若要禁用加载项，请按照下列步骤操作。

- 单击"文件"→"Excel 选项"→"加载项"。
- 在"加载项"选项卡的界面底部单击"转到"按钮。

● 在"加载项"对话框中，选择要禁用或删除的加载项。

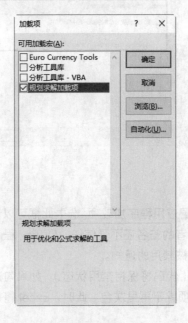

若要禁用加载项，仅需取消勾选其名称前面的复选框即可。

● 单击"确定"按钮保存更改并返回到文档。

3. 查看或更改加载项设置

用户可以在信任中心中查看和更改加载项的某些设置，系统先前可能已确定了加载项安全设置，因此并非所有选项都可以更改。

● 单击"文件"→"Excel 选项"。
● 单击"信任中心"→"信任中心设置"。

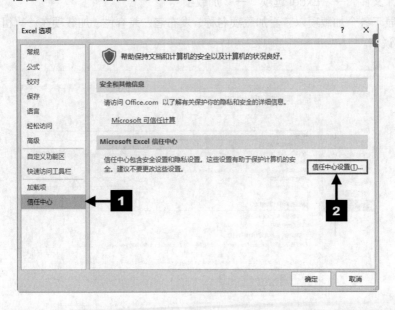

● 在"信任中心"对话框中，单击"加载项"，按需要勾选或取消勾选相应复选框。

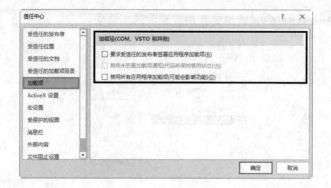

4. 加载项设置介绍

● 要求受信任的发布者签署应用程序加载项。选中此框可以让信任中心检查加载项是否使用发布者的受信任签名。如果发布者的签名还不受信任，Office 程序就不会加载该加载项，并在信任栏中显示一条说明该加载项已被禁用的通知。

● 禁用未签署加载项通知（代码将保持禁用状态）。如果勾选了"要求受信任的发布者签署应用程序加载项"复选框，此选项就不再呈灰色。此时，Excel 将启用由受信任的发布者签署的加载项，而禁用未签署的加载项。

● 禁用所有应用程序加载项（可能会影响功能）。如果不信任任何加载项，可勾选此复选框。程序将在不给出任何通知的情况下禁用所有加载项，并且其他的加载项复选框均呈灰色。

注意：退出 Office 程序并重新启动程序后，此设置才会生效。

使用加载项时，用户可能需要了解有关数字签名和证书的详细信息，这两者会对加载项、受信任的发布者，以及常常创建加载项的软件开发人员进行身份验证。

5. 查看安装的加载项

● 单击"文件" → "Excel 选项" → "加载项"。

● 突出显示各个加载项以查看加载项名称、发布者、兼容性、加载项在计算机上的位置、对加载项功能的说明。

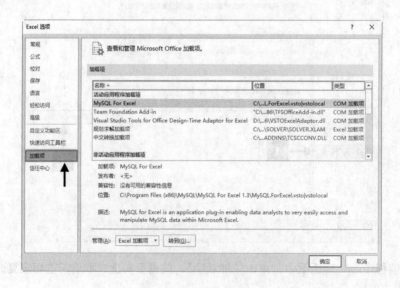

6. 管理和安装加载项

- 单击"文件"→"Excel 选项"→"加载项"。
- 选择加载项类型。
- 单击"转到"。
- 选择要添加、删除、加载或上载的加载项；也可以浏览以找到要安装的加载项。

📃 **本例公式说明**

以下为本案例中 B15 单元格的公式。

```
=SUMPRODUCT(B2:E4,B8:E10)
```

两个单元格区域的所有元素对应相乘，然后把乘积相加，得到最终的最低运输成本。

8.5 制作带合并项的打包明细清单

案例背景

产品出货时，需要随带打包的明细清单。而通常情况下，为了确保清单看起来更为直观，需要对其中的部分数据进行合并，比如托盘号、重量及体积等。

制作打包明细清单

关键技术点

要实现本例中的功能，读者应当掌握以下 Excel 技术点。

- 分类汇总
- 单元格的编辑——定位
- 格式刷的使用

最终效果展示

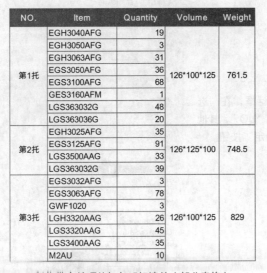

NO.	Item	Quantity	Volume	Weight
	EGH3040AFG	19		
	EGH3050AFG	3		
	EGH3063AFG	31		
第1托	EGS3050AFG	36	126*100*125	761.5
	EGS3100AFG	68		
	GES3160AFM	1		
	LGS363032G	48		
	LGS363036G	20		
	EGH3025AFG	35		
第2托	EGS3125AFG	91	126*125*100	748.5
	LGS3500AAG	33		
	LGS363032G	39		
	EGS3032AFG	3		
	EGS3063AFG	78		
	GWF1020	3		
第3托	LGH3320AAG	26	126*100*125	829
	LGS3320AAG	45		
	LGS3400AAG	35		
	M2AU	10		

制作带合并项的打包明细清单（部分表格）

示例文件

\示例文件\第 8 章\制作带合并项的打包明细清单.xlsx

本案例将使用分类汇总功能实现合并处理的效果。

Step 1 打开源工作簿

如图所示的"制作带合并项的打包明细清单.xlsx"工作簿中是产品出库的明细清单。

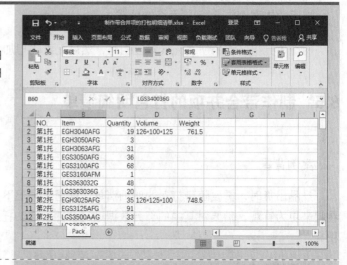

Step 2 分类汇总

① 选中数据区域中的任意单元格,如 A1,然后单击"数据"→"分级显示"→"分类汇总"。

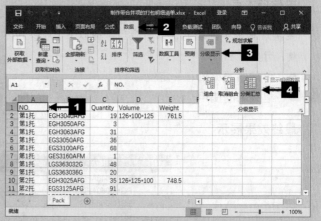

② 打开"分类汇总"对话框,在"选定汇总项"列表框中选择"NO.",其他保持默认设置,单击"确定"按钮。

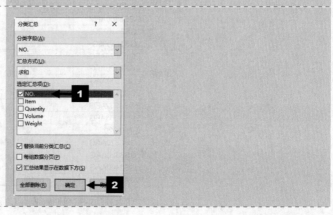

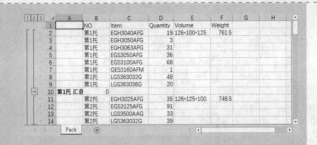

分类汇总后的结果如图所示。

Step 3 添加标题

复制 B1 单元格，并粘贴在 A1 单元格中。

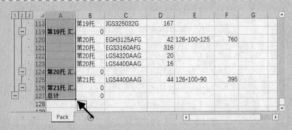

Step 4 定位空值

① 选中 A1:A127 单元格区域。

② 按键盘功能键<F5>，弹出"定位"对话框，在"定位"对话框中单击"定位条件"按钮。

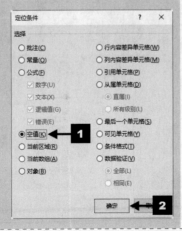

③ 在弹出的"定位条件"对话框中单击"空值"单选钮，单击"确定"按钮。

此时 A1:A127 单元格区域中的所有空单元格均被选中。

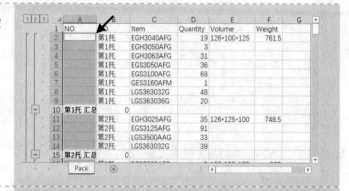

Step 5 合并并居中

在确保上一步中空单元格选中的情况下，依次单击"开始"→"对齐方式"组中的"合并后居中"按钮📑。

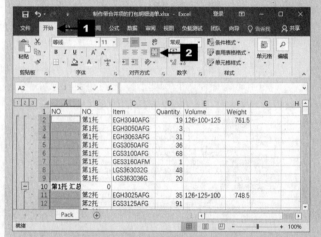

Step 6 用格式刷复制

① 选中 A 列，然后双击"开始"选项卡中"剪贴板"组中的"格式刷"按钮💠。

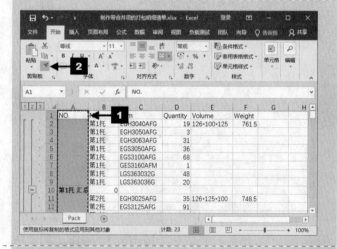

② 分别选中 B 列、E 列和 F 列进行格式的复制。

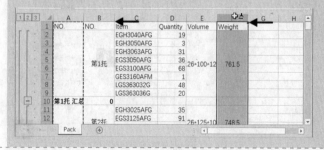

 技巧　格式刷

　　在"开始"选项卡的"剪贴板"组中有"格式刷"按钮。用它"刷"格式，可以快速将指定文本或单元格的格式延用到文本或单元格上，而不需要重复设置。

　　单击一次"格式刷"只能使用一次；若需多次重复使用"格式刷"，可双击"格式刷"按钮。

　　要想停止"格式刷"工作，只要再次单击"格式刷"按钮即可。

Step 7　删除分类汇总

依次单击"数据"→"分级显示"→"分类汇总"，在"分类汇总"对话框中单击"全部删除"按钮。

Step 8　删除 A 列

选中 A 列，然后单击鼠标右键，在弹出的菜单中单击"删除"命令。

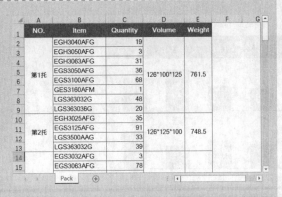

Step 9　美化工作表

① 设置字体、字体颜色、字号、加粗、居中和填充颜色。

② 调整行高和列宽。

③ 设置框线。

④ 取消网格线和编辑栏的显示。

本案例中所使用的"合并单元格"只是格式上的合并，而非真正的单元格合并。

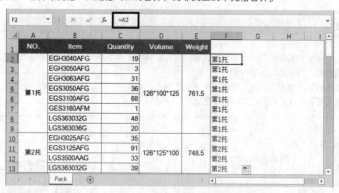

如在上图中的 F2 单元格中输入公式"=A2"，然后双击填充柄向下复制填充公式，可以看到 A 列中的所有数据都是保留着的。

Excel 合并单元格可以美化表格，然而也给数据统计等带来了麻烦。而这样操作将不会影响后继的数据统计等操作。

8.6 月度运输费用对比图

案例背景

企业在运送货物时需要支付运费，为了节省费用，管理者要综合考虑影响运输成本的因素，进行合理调运。本案例将对各月份单独进行分析，并将两个月份的费用情况制作成图表，以便更直观地进行分析和对比。

关键技术点

要实现本例中的功能，读者应当掌握以下 Excel 技术点。

● 制作双层柱形图
● 散点图的辅助功能

最终效果展示

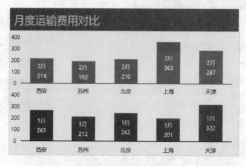

月度运输费用对比图

示例文件

\示例文件\第 8 章\月度运输费用对比图.xlsx

Step 1　创建工作簿

新建一个工作簿，将其命名为"月度运输费用对比图.xlsx"，并输入各地区 1 月、2 月份的运输费用数据。

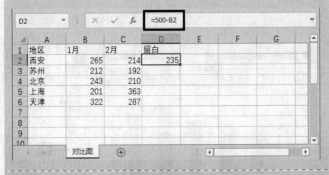

Step 2　添加辅助列"留白"

① 在 D1 单元格中输入文本"留白"。

② 选中 D2 单元格，输入如下公式。

`=500-B2`

按<Enter>键确认。

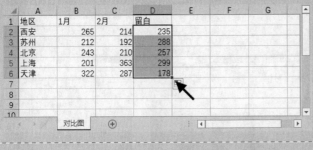

③ 双击 D2 单元格右下角的填充柄，向下复制填充公式。

Step 3　添加辅助列"y轴"

在 F1:H11 单元格区域输入如图所示的数据。

Step 4 美化工作表

① 设置字体、字号、加粗、居中和填充颜色。

② 设置框线。

	A	B	C	D	E	F	G	H
1	地区	1月	2月	留白		X轴	Y轴	标签
2	西安	265	214	235		0.5	0	0
3	苏州	212	192	288		0.5	100	100
4	北京	243	210	257		0.5	200	200
5	上海	201	363	299		0.5	300	300
6	天津	322	287	178		0.5	400	400
7						0.5	500	0
8						0.5	600	100
9						0.5	700	200
10						0.5	800	300
11						0.5	900	400

Step 5 插入柱形图

选中 A1:D6 单元格区域,切换到"插入"选项卡,单击"图表"组中的"插入柱形图或条形图"下拉箭头按钮,在弹出的菜单中单击"二维柱形图"下的"堆积柱形图"。

Step 6 取消图表元素的显示

① 单击图表右侧的"图表元素"按钮,在弹出的菜单中取消勾选"图例"复选框。

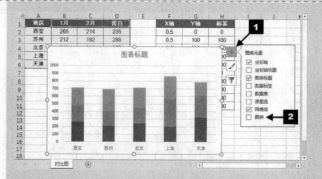

② 取消"图表标题"的显示。

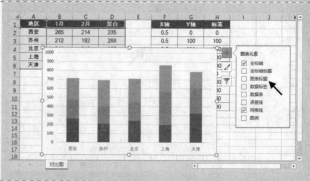

Step 7 设置垂直轴的格式

① 双击垂直轴,打开"设置坐标轴格式"窗格。

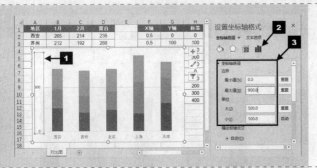

② 在"设置坐标轴格式"窗格中单击
"坐标轴选项"按钮▯▯，在弹出的"坐
标轴选项"中，设置"边界"最小值为
"0"，最大值为"900"，"单位"中"大"
为"500"，小为"100"。

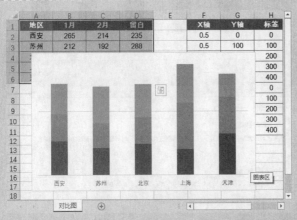

③ 按<Delete>键，删除刚才选中的垂
直轴标签。

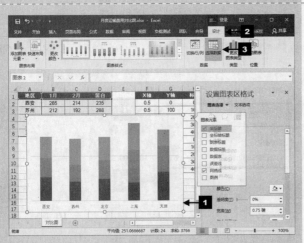

Step 8 调整数据系列的顺序

① 单击选中图表区域，切换到"图表
工具—设计"选项卡，单击"数据"组
中的"选择数据"按钮。

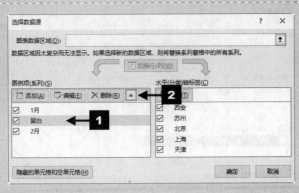

② 在弹出的"选择数据源"对话框中，
单击"留白"系列，然后单击"图例项
（系列）"区右侧的"上移"箭头按钮，
调整其顺序。

调整后的顺序如图所示。

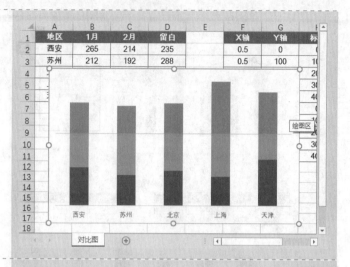

Step 9 添加数据系列

① 单击"选择数据源"对话框中的"添加"按钮。

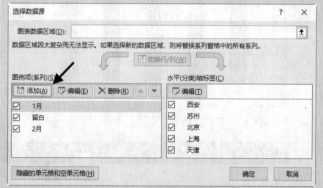

② 在弹出的"编辑数据系列"对话框中，为"系列名称"编辑框中拖拉输入以下公式。

`=对比图!$G$1`

为"系列值"编辑框中拖拉输入以下公式。

`=对比图!$G$2:$G$11`

单击"确定"按钮。

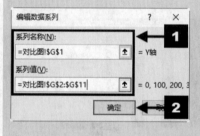

③ 返回"选择数据源"对话框，单击"确定"按钮。

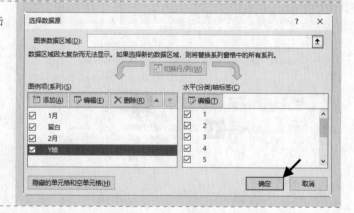

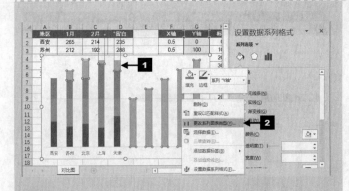

Step 10　更改数据系列图表类型

① 在 "y 轴" 数据系列上单击鼠标右键, 在弹出的菜单中选择 "更改系列图表类型"。

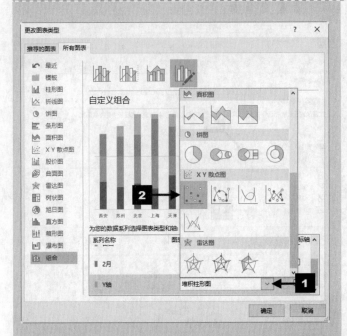

② 在弹出的 "更改图表类型" 对话框中, 单击 "y 轴" 右侧的下拉箭头按钮, 在弹出的列表中拖动右侧滚动条, 找到 "XY 散点图", 单击 "散点图"。

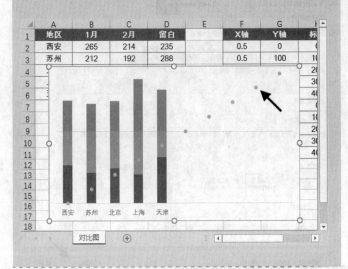

添加后的效果如图所示。

Step 11 更改数据系列数据源

① 在图表区域中的任意一点单击，切换到"图表工具—设计"选项卡，单击"数据"组中的"选择数据"按钮。

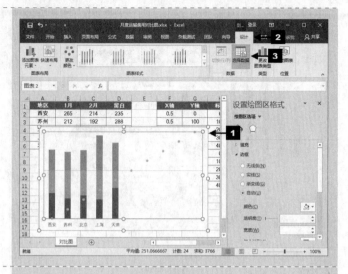

② 在弹出的"选择数据源"对话框中单击"y轴"，然后单击上方的"编辑"按钮。

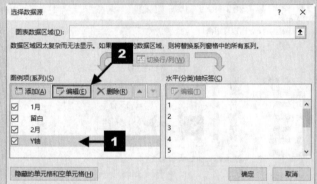

③ 在"x轴系列值"编辑框中输入以下公式。

=对比图!$F$2:$F$11

其他保持前面的设置不变，单击"确定"按钮。

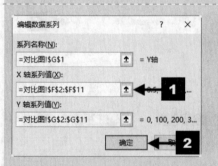

④ 在返回的"选择数据源"对话框中直接单击"确定"按钮，完成数据系列的编辑。

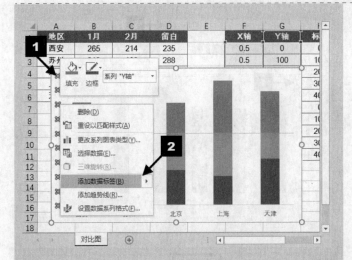

Step 12 添加数据标签

① 选中"γ轴"系列，单击鼠标右键，在弹出的菜单中选择"添加数据标签"命令。

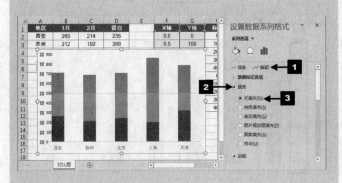

② 保持"γ轴"系列的选中状态，在右侧的"设置数据系列格式"窗格中，单击"标记"项，在"填充"区域单击"无填充"单选钮。

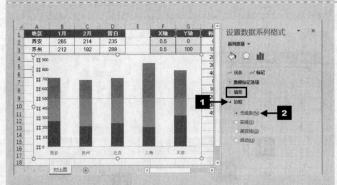

③ 继续在该对话框中单击"填充"按钮，使其折叠。然后单击"边框"，在展开的列表中单击"无线条"单选钮。

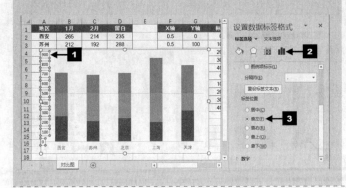

④ 单击选中"γ轴"的"数据标签"，在右侧的"设置数据标签格式"窗格中，单击"标签选项"按钮，拖动右侧的滚动条，单击选中"标签位置"为"靠左"。

⑤ 单击"数据标签"中的"900",然后在编辑栏中输入如下公式。

`=对比图!$H$11`

按<Enter>键确认。

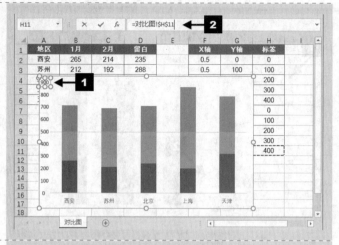

⑥ 用同样的方法依次为"数据标签"中的各数输入公式,最终的效果如图所示。

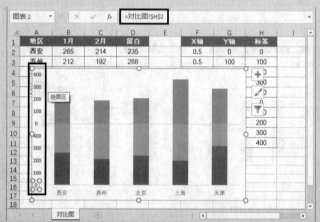

也可以在"设置数据标签系列格式"任务窗格中切换到"标签选项",取消勾选"标签包括"下的"Y值"复选框,然后勾选"单元格中的值"复选框。在弹出的"数据标签区域"对话框中选择H2:H11 单元格区域,最后单击"确定"按钮。

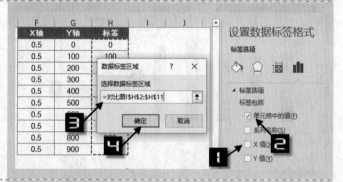

Step 13 设置"1月"数据系列格式

① 单击选中"1月"系列,在"设置数据系列格式"窗格中,单击"填充与线条"按钮,单击"填充"下方的"填充颜色"下拉箭头按钮,在弹出的扩展菜单中单击"其他颜色"。

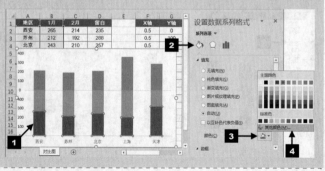

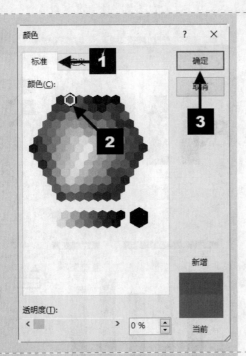

② 在弹出的"颜色"对话框中，切换到"标准"选项卡，单击"深蓝"色，然后单击"确定"按钮。

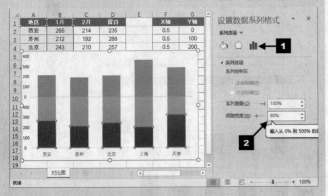

③ 保持"1月"数据系列的选中状态，单击"设置数据系列格式"窗格中的"系列选项"按钮 ▮▮，设置"间隙宽度"为"80%"。

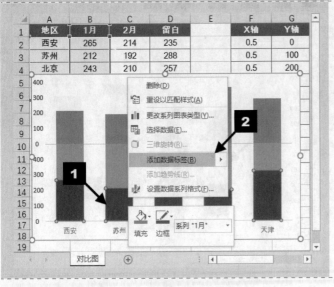

④ 在"1月"数据系列上单击鼠标右键，在弹出的菜单中单击"添加数据标签"。

⑤ 选中"数据标签",在右侧的"设置数据标签格式"窗格中,单击"标签选项"按钮，在下方的"标签包括"区域中,勾选"系列名称"和"值"复选框,然后单击"分隔符"右侧的下拉箭头按钮,在弹出的菜单中选择"(新文本行)"命令。

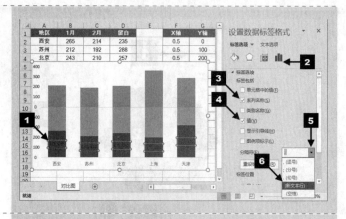

⑥ 保持"数据标签"的选中状态,单击"设置数据标签格式"窗格的"文本选项"命令按钮,在"文本填充"组中单击"颜色"右侧的下拉箭头按钮,在弹出的扩展菜单中单击"白色,背景1"。

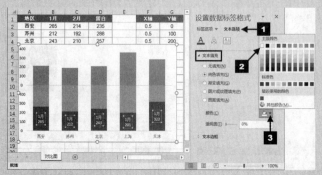

Step 14 设置"留白"数据系列格式

① 单击"留白"系列,在"设置数据系列格式"窗格中,单击"填充与线条"按钮，单击选中"填充"下方的"无填充"单选钮。

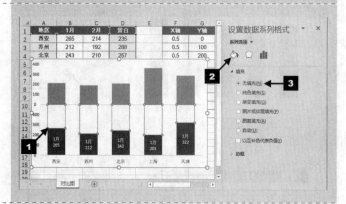

② 在"留白"数据系列上单击鼠标右键,在弹出的菜单中单击"添加数据标签"。

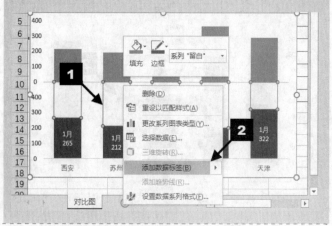

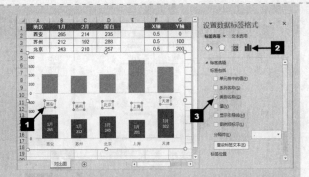

③ 选中"数据标签"，在右侧的"设置数据标签格式"窗格中，单击"标签选项"按钮▆▆，在下方的"标签包括"区域中，勾选"类别名称"复选框。

④ 保持"数据标签"的选中状态，拖动"设置数据标签格式"右侧的滚动条，在"标签位置"组中单击选中"数据标签内"单选钮。

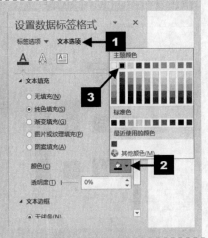

⑤ 保持"数据标签"的选中状态，单击"设置数据标签格式"窗格中的"文本选项"，单击"文本填充"区域的"颜色"右侧的下拉箭头按钮，在弹出的扩展菜单中单击"黑色，文字 1"。

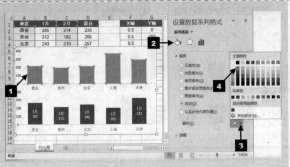

Step 15 设置"2 月"数据系列格式

① 单击选中"2 月"系列，在"设置数据系列格式"窗格中，单击"填充与线条"按钮，单击"填充"下方的"填充颜色"下拉箭头按钮，在弹出的扩展菜单中单击"黑色，文字 1，淡色50%"。

② 在"2 月"数据系列上单击鼠标右键，在弹出的菜单中单击"添加数据标签"。

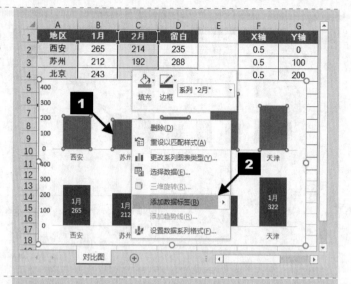

③ 选中"数据标签"，在右侧的"设置数据标签格式"窗格中，单击"标签选项"按钮，在下方的"标签包括"区域中，勾选"系列名称"和"值"复选框，然后单击"分隔符"右侧的下拉箭头，在弹出的菜单中选择"（新文本行）"命令。

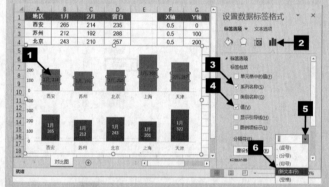

④ 保持"数据标签"的选中状态，单击"设置数据标签格式"窗格的"文本选项"命令，在"文本选项"组中单击"颜色"右侧的下拉箭头按钮，在弹出的扩展菜单中单击"白色，背景 1"。

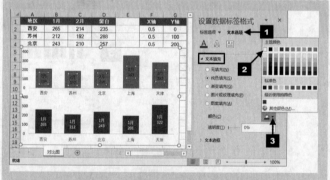

Step 16 设置主要网格线格式

单击"垂直（值）轴主要网格线"，在"设置主要网格线格式"窗格中，单击"填充与线条"按钮，单击"线条"下方的"填充颜色"下拉箭头按钮，在弹出的扩展菜单中单击"黑色，文字 1"。

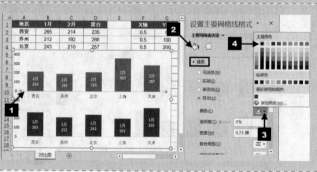

Step 17 设置 "水平(类别)轴" 格式

① 单击选中 "水平(类别)轴"，在 "设置坐标轴格式" 窗格中，单击 "填充与线条" 按钮 🖌️，单击 "宽度" 右侧的 "微调钮"，设置宽度为 "1.25磅"。

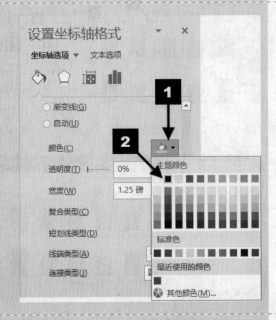

② 保持 "水平(类别)轴" 的选中状态，单击 "颜色" 右侧的下拉箭头按钮，在弹出的扩展菜单中单击 "黑色，文字1"。

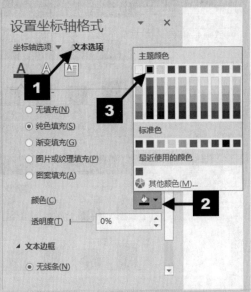

③ 保持 "水平(类别)轴" 的选中状态，单击 "设置坐标轴格式" 窗格中的 "文本选项"，单击 "文本填充" 区域的 "颜色" 右侧的下拉箭头按钮，在弹出的扩展菜单中单击 "黑色，文字1"。

Step 18 设置"图表区"格式

在图表区任意位置单击，选中"图表区"，在"设置图表区格式"窗格中，单击"填充与线条"按钮，单击"填充"下方的"填充颜色"下拉箭头按钮，在弹出的扩展菜单中单击"白色，背景1，深色15%"。

Step 19 设置"绘图区"格式

在绘图区任意位置单击，选中"绘图区"，在"设置绘图区格式"窗格中，单击"填充与线条"按钮，单击"填充"下方的"填充颜色"下拉箭头按钮，在弹出的扩展菜单中单击"白色，背景1，深色15%"。

Step 20 插入文本框

插入如图所示的文本框，输入文本"月度运输费用对比"，并设置如图所示的格式。

Step 21 移动图表位置

单击选中整个图表，将其拖动至如图所示位置，并调整其大小。

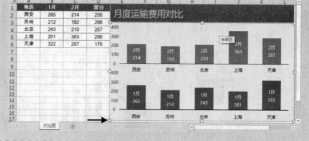

Step 22 美化工作表

取消网格线的显示。
最终的效果如图所示。

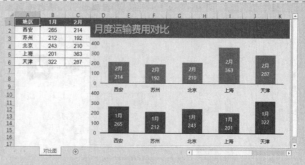

关键知识点讲解

图表类型

为了更直观地显示数据以及其变化趋势，Excel 提供了图表的显示方式。下面分别介绍 Excel 提供的基本图表类型。

Excel 2016 提供了多种不同的图表类型，每一种都具有多种组合和变换形式。在众多的图表类型中，选用哪一种图表更好呢？根据数据的不同和使用要求的不同，可以选择不同类型的图表。图表的选择主要同数据的形式有关，其次才考虑感觉效果和美观性。下面给出了一些常见的选用规则。

（1）柱形图。

柱形图是 Excel 2016 默认的图表类型，也是用户经常使用的一种图表类型。通常用来描述不同时期数据的变化情况，或者描述不同类别数据（称作分类项）之间的差异，也可以同时描述不同时期、不同类别数据的变化和差异。例如可以用柱形图描述不同时期的生产指标，产品的质量分布，不同时期多种销售指标的比较等。

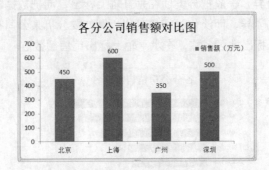

（2）折线图。

折线图是用直线段将各数据点连接起来而组成的图形，以折线方式显示数据的变化趋势。折线图可以清晰地反映出数据是递增还是递减、增减的速率、增减的规律（周期性、螺旋性等）、峰值等特征。因此，折线图常用来分析数据随时间变化的趋势，也可用来分析多组数据随时间变化的相互作用和相互影响。例如可用折线图来分析某类商品或是某几类相关的商品随时间变化的销售情况，从而进一步预测未来的销售情况。在折线图中，一般水平轴（x 轴）用来表示时间的推移，并且间隔相同；而垂直轴（y 轴）代表不同时刻的数据的大小。

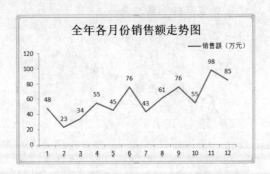

（3）饼图。

饼图通常只用一组数据系列作为源数据。它将一个圆划分为若干个扇形，每个扇形代表数据系列中的一项数据值，其大小用来表示相应数据项占该数据系列总和的比例。饼图通常用来描述比例、构成等信息。例如用饼图表示某基金投资的各金融产品比例，某企业的产品销售收入构成，某学校的各类人员的构成等。

（4）条形图。

条形图有些类似于水平的柱形图，它使用水平的横条来表示数值的大小。条形图主要用来比较不同类别数据之间的差异，一般把分类项在垂直轴上标出，而把数据的大小在水平轴上标出。这样可以突出数据之间的差异，而淡化时间的变化。例如要分析某公司在不同地区的销售情况，可使用条形图在垂直轴上标出地区名称，在水平轴上标出销售额数值。

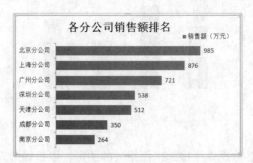

（5）面积图。

面积图实际上是折线图的另一种表现形式，它使用折线和分类轴（x 轴）组成的面积以及两条折线之间的面积来显示数据系列的值。面积图除了具备折线图的特点，强调数据随时间的变化趋势以外，还可以通过显示数据的面积来分析部分与整体的关系。例如面积图可用来描述企业在不同时期的销售预测和实际数据等。

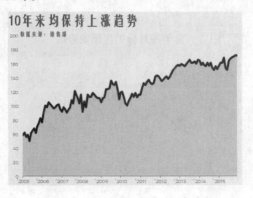

（6）XY 散点图。

XY 散点图显示了多个数据系列的数值间的关系，同时它还可以将两组数字绘制成 XY 坐标系中的一个数据系列。XY 散点图显示了数据的不规则间隔（或簇），它不仅可以用线段，而且可以用一系列的点来描绘数据。XY 散点图除了可以显示数据的变化趋势以外，更多地用来描述数据之间的关系。例如几组数据之间是否相关，是正相关还是负相关，以及数据之间的集中程度和离散程度等。

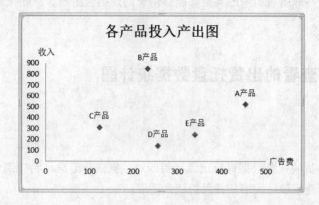

（7）雷达图。

在雷达图中，每个分类都使用独立的由中心点向外辐射的数值轴，同一系列中的值则是通过折线连接的。

雷达图对于采用多项指标全面分析目标情况有着重要的作用，是诸如企业经营分析等分析活动中十分有效的图表，具有完整、清晰和直观的特点。

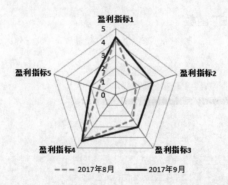

（8）组合。

对有些图表，如果一个数据序列绘制成柱形，而另一个数据系列绘制成折线图或面积图，则该图表会更加直观悦目。

若要更改所选数据系列的图表类型，可以将图表更改为组合图。选择图表，以在功能区上显示"图表工具"，在"设计"选项卡上单击"更改图表类型"，然后选择"组合图"。

扩展知识点讲解

组合图表的操作

许多读者认为，在 Excel 中只能创建两种类型的组合图表。事实上创建组合图表的弹性是很大的，关键是要弄明白图表及图表类型的工作原理。

当选择图表类型时，组合图表通常会以以下两种方式工作。

① 如果在图表中选中一个系列，则所选的图表类型只应用于所选的系列。

② 如果不是选中图表的一个系列而是其他任何图表对象，则所选的图表类型会应用到图表中的所有系列。

需要注意的是：并非所有的图形类型都能够用于创建组合图表，例如 Excel 不允许将三维图表类型用于组合图表。

8.7　按周筛选查看的出货托盘数据统计图

案例背景

企业每天针对出货的托盘数据进行记录，每周对数据进行汇总，希望制作出能够筛选起始月份和结束月份，从而查看该区间出货托盘的记录图表。

关键技术点

要实现本例中的功能，读者应当掌握以下 Excel 技术点。

● 定义名称

● 绘制柱形图、动态区域图表

● 组合框控件的使用

● 函数的使用：OFFSET 函数

最终效果展示

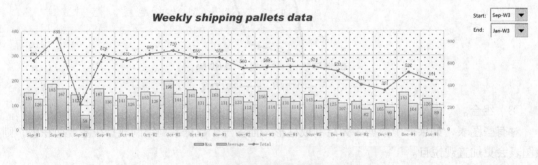

按周筛选查看的出货托盘数据统计图

示例文件

\示例文件\第 8 章\按周筛选查看的出货托盘数据统计图.xlsx

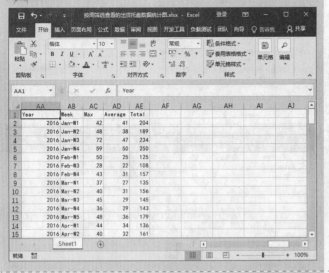

Step 1 查看工作簿

打开"按周筛选查看的出货托盘数据统计图.xlsx"工作簿，可以看到，AA:AE列是按年、月周统计的出货托盘数，其中 AA 列是年份，AB 列为月周，AC 列是出货托盘数的最大值，AD 列为其平均值，AE 列为总数。

将数据存放在这里，是为了方便后续的图表的操作。

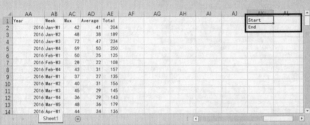

Step 2 添加辅助列

在 AK1:AK2 单元格区域输入"Start"和"End"，作为后面图表的起始和结束区域数据。

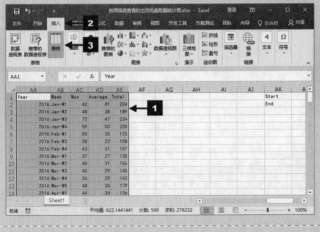

Step 3 创建"表格"

① 单击数据区域的任意单元格，然后按 <Ctrl+A> 组合键，选中数据区域 AA1:AE112，然后切换到"插入"选项卡，单击"表格"组中的"表格"按钮。

② 在弹出的"创建表"对话框中，直接单击"确定"按钮，完成表格的创建。

③ 创建的表格如图所示，并且自动添加了表格样式。

复制样式到目标单元格，单击"粘贴选项"的下拉箭头，在弹出的菜单中单击"格式"按钮，为目标单元格添加相应的格式。

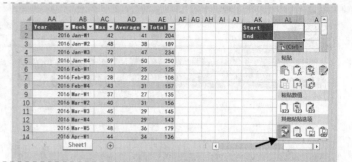

Step 4 定义名称

① 切换到"公式"选项卡，依次单击"定义的名称"→"名称管理器"。

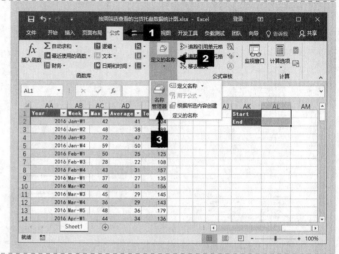

② 在弹出的"名称管理器"对话框中，直接单击"新建"按钮。

③ 在弹出的"新建名称"对话框中，输入"名称"为"Max"，在"引用位置"输入如下公式。

`=OFFSET(Sheet1!$AC$87,Sheet1!$AL$1,,Sheet1!$AL$2-Sheet1!$AL$1+1)`

然后单击"确定"按钮，完成对 Max 的定义。

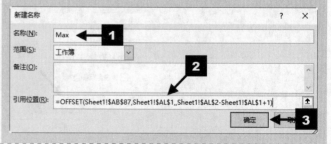

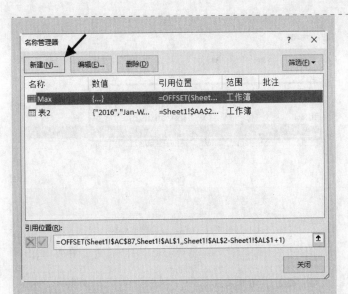

④ 在返回的"名称管理器"对话框中，
再次单击"新建"按钮。

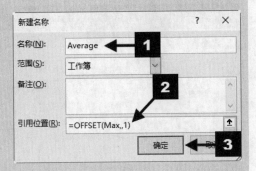

⑤ 在弹出的"新建名称"对话框中，输入"名称"为"Average"，在"引用位置"输入如下公式。

`=OFFSET(Max,,1)`

然后单击"确定"按钮，完成对 Average 的定义。

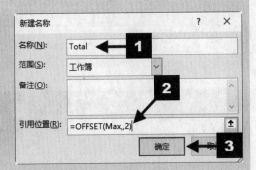

⑥ 重复④的操作，在弹出的"新建名称"对话框中，输入"名称"为"Total"，在"引用位置"输入如下公式。

`=OFFSET(Max,,2)`

然后单击"确定"按钮，完成对 Total 的定义。

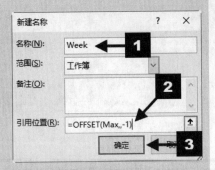

⑦ 重复④的动作，在弹出的"新建名称"对话框中，输入"名称"为"Week"，在"引用位置"输入如下公式。

`=OFFSET(Max,,-1)`

然后单击"确定"按钮，完成对 Week 的定义。

⑧ 定义的名称如图所示，最后单击"关闭"按钮。

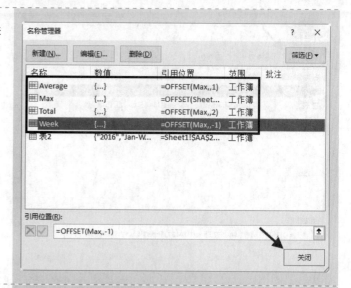

Step 5 插入柱形图

选中 AC1:AE112 单元格区域，切换到"插入"选项卡，单击"图表"组中的"插入柱形图或条形图"按钮，在弹出的菜单中单击"二维柱形图"下的"簇状柱形图"。

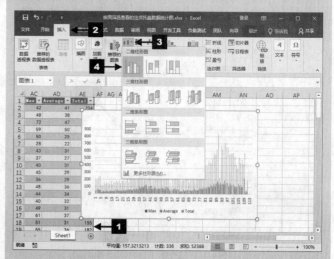

Step 6 更改数据源

① 选中数据图，依次单击"图表—设计" → "数据"组中的"选择数据"按钮。

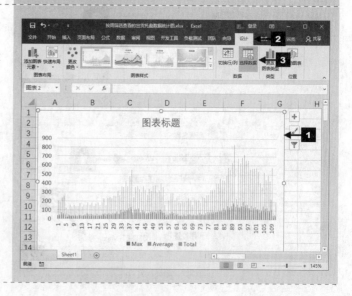

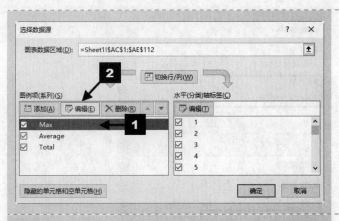

② 在弹出的"选择数据源"对话框中，单击"Max"，然后单击"编辑"按钮。

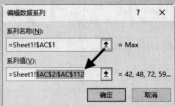

③ 在"编辑数据系列"对话框中，选中单元格地址部分，然后按<F3>功能键。

④ 在弹出的"粘贴名称"对话框中，单击"Max"，然后单击"确定"按钮。

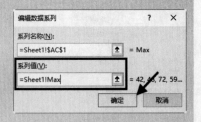

⑤ 在"编辑数据系列"对话框中，刚才选中的部分"$AC1:$AC112"已经被"Max"替换，单击"确定"按钮，完成对该数据系列的编辑。

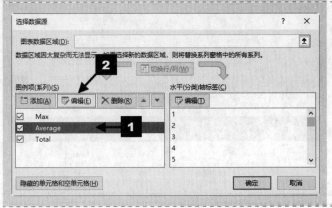

⑥ 在返回的"选择数据源"对话框中，单击"Average"，然后单击"编辑"按钮。

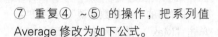

⑦ 重复④ ~⑤ 的操作，把系列值
Average 修改为如下公式。

=Sheet1!Average

然后单击"确定"按钮。

⑧ 重复② ~⑤ 的操作，把系列值
Total 修改为如下公式。

=Sheet1!Total

然后单击"确定"按钮。

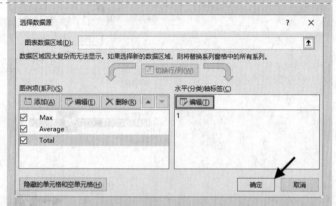

⑨ 返回"选择数据源"对话框，单击
"确定"按钮，完成以下操作。

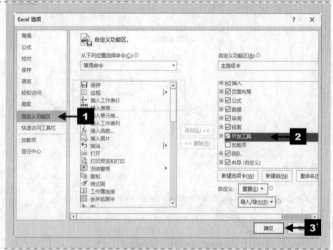

Step 7 显示"开发工具"选项卡

① 依次单击"文件"→"选项"。

② 在"Excel 选项"对话框的菜单中选
择"自定义功能区"选项，在"自定义
功能区"下方，勾选"开发工具"复选
框，然后单击"确定"按钮。

此时，在 Excel 的功能区中出现了"开
发工具"选项卡。

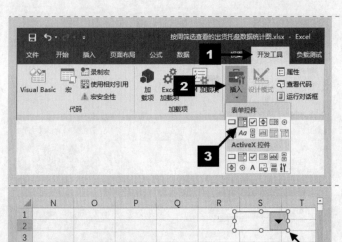

Step 8 插入组合框

① 切换到"开发工具"选项卡,在"控件"命令组中单击"插入"按钮,并在打开的下拉菜单中选择"表单控件"→"组合框(窗体控件)"命令,此时鼠标指针变为"十"形状。

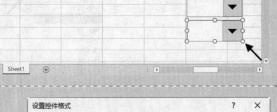

② 在工作表适当位置拖动鼠标,绘制合适大小的组合框。

③ 重复① ~② 的操作,再次插入一个组合框。

Step 9 设置控件格式

① 选中第一个组合框,在"开发工具"选项卡的"控件"命令组中单击"属性"按钮,弹出"设置控件格式"对话框。切换到"控制"选项卡,单击"数据源区域"右侧的按钮。

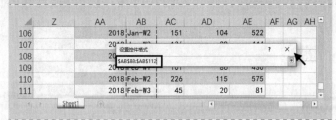

② 弹出"设置控件格式"对话框,拖动鼠标选中 AB88:AB112 单元格区域,单击右上角的"关闭"按钮,返回"设置对象格式"对话框。

③ 在"单元格链接"右侧文本框内输入"$AL$1",单击"确定"按钮。

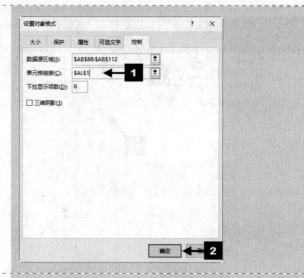

④ 单击第一个组合框右侧的下箭头按钮,可看到在弹出的列表中已经有了各月周的选项。

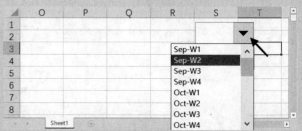

⑤ 在第二个组合框上单击鼠标右键,在弹出的菜单中单击"设置控件格式"命令。

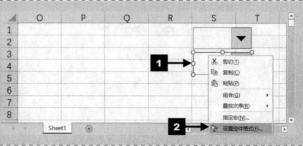

⑥ 在弹出的"设置对象格式"对话框中,在"数据源区域"编辑框中输入"$AB$88:$AB$112",在"单元格链接"编辑框中输入"$AL$2",最后单击"确定"按钮。

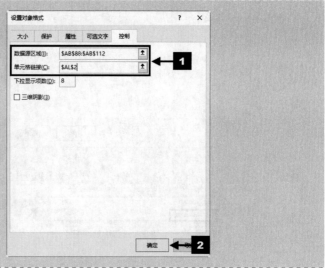

⑦ 单击第二个 "组合框" 右侧的下箭头按钮，可看到在弹出的列表中已经有了各月周的选项。

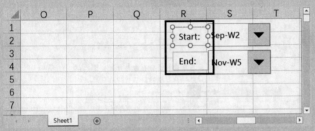

⑧ 在 "组合框" 前面插入两个文本框，分别输入 "Start:" 和 "End:"。

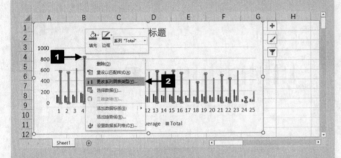

Step 10 更改系列图表类型

① 在 "Total" 数据系列上单击鼠标右键，在弹出的菜单中单击 "更改系列图表类型" 命令。

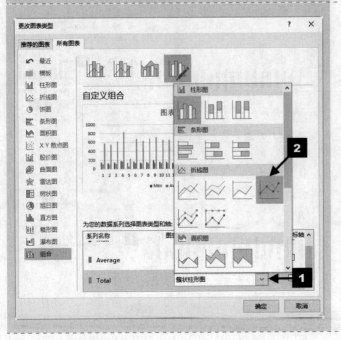

② 在弹出的 "更改图表类型" 对话框中，单击 "Total" 右侧的下箭头按钮，在弹出的快捷菜单中单击 "折线图" 下的 "带数据标记的拆线图" 按钮。

更改好的图表如图所示。

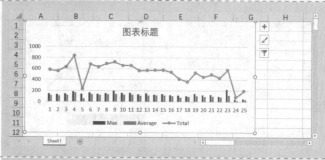

Step 11 设置垂直轴格式

① 在"垂直(值)轴"上单击鼠标右键，在弹出的快捷菜单中单击"设置坐标轴格式"。

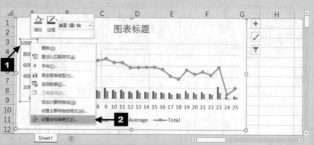

② 在弹出的"设置坐标轴格式"窗格中，单击"坐标轴选项"按钮，在弹出的"坐标轴选项"区域中，设置"边界"最小值为"0"，最大值为"400"，"单位"中"大"为"100"，小为"10"。

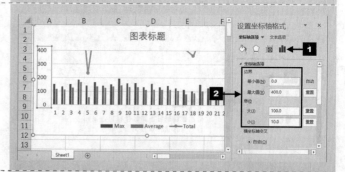

③ 保持"垂直轴"的选中状态，单击"设置坐标轴格式"窗格中的"文本选项"，单击"文本填充"区域的"颜色"右侧的下拉箭头按钮，在弹出的扩展菜单中单击"黑色，文字1，淡色50%"。

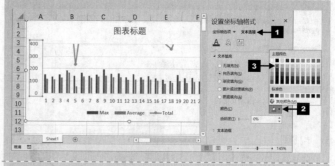

Step 12 设置 Total 系列格式

① 单击选中"Total"数据系列，在"设置数据系列格式"窗格中，单击"系列选项"按钮，然后单击"系列绘制在"组中的"次坐标轴"单选钮。

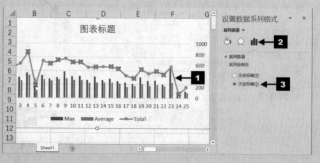

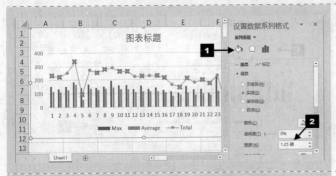

② 保持 "Total" 系列的选中状态，单击 "设置数据系列格式" 的 "填充" 按钮，调整 "线条" 组中 "宽度" 为 "1.25 磅"。

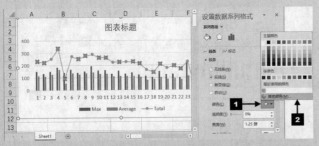

③ 单击 "线条" 组 "颜色" 按钮右侧的下箭头按钮，在弹出的扩展菜单中选择 "其他颜色"。

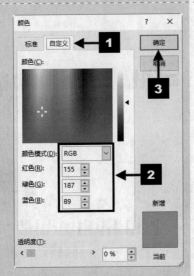

④ 在弹出的 "颜色" 对话框中，切换到 "自定义" 选项卡，保持 "颜色模式" 为 "RGB"，"红色" 值设置为 "155"，"绿色" 为 187，"蓝色" 为 "89"，然后单击 "确定" 按钮。

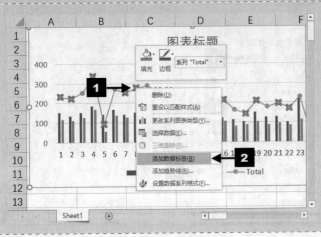

⑤ 在 "Total" 系列上单击鼠标右键，在弹出的下拉菜单中单击 "添加数据标签"。

⑥ 单击选中"Total"系列的"数据标签",在"设置数据标签格式"窗格中,单击"标签选项"按钮▮▮,拖动右侧的滚动条,选择"标签位置"为"靠上"。

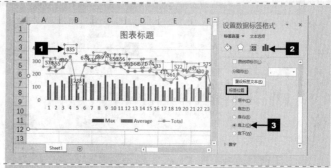

⑦ 保持"Total"系列的"数据标签"的选中状态,单击"设置数据标签格式"的"文本选项"按钮,在"文本填充"组中单击"颜色"右侧的下拉箭头按钮,在弹出的扩展菜单中选择"黑色,文字1,淡色50%"。

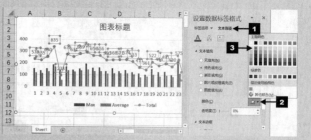

Step 13 设置 Average 系列格式

① 单击选中"Average"数据系列,在"设置数据系列格式"窗格中单击"系列选项"按钮▮▮,然后设置"系列重叠"为"0","间隙宽度"为"50%"。

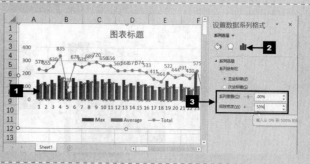

② 保持"Average"系列的选中状态,单击"填充与线条"按钮,单击"填充"组中的"渐变填充"单选钮,然后单击"预设渐变"右侧的下拉箭头按钮,在弹出的列表中单击"浅色渐变,个性色2"。

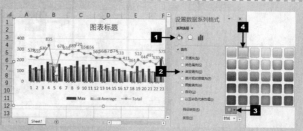

③ 设置"边框"颜色为"橙色"。

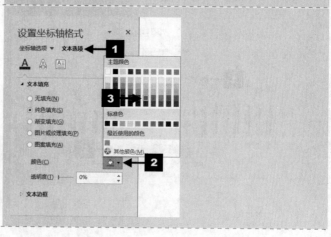

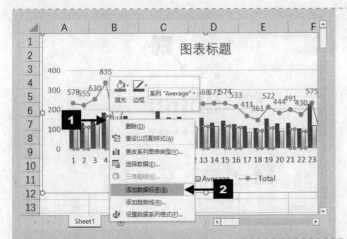

④ 在 "Average" 系列上单击鼠标右键，在弹出的快捷菜单中单击 "添加数据标签"。

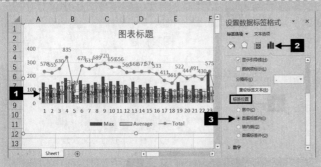

⑤ 选中 "Average" 系列的 "数据标签"，在 "设置数据标签格式" 窗格中，单击 "标签选项" 按钮 ，设置 "标签位置" 在 "数据标签内"。

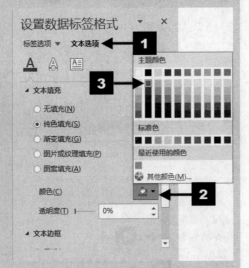

⑥ 单击 "文本选项" 按钮，设置 "文本填充" 的 "颜色" 为 "黑色，文字 1，淡色 50％"。

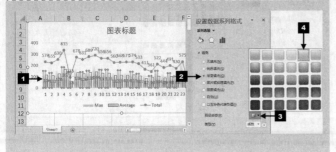

Step 14 设置 Max 系列格式

① 单击选中 "Max" 数据系列，在 "设置数据系列格式" 窗格中单击 "填充与线条" 按钮 ，单击 "填充" 组中的 "渐变填充" 单选钮，然后单击 "预设渐变" 右侧的下拉箭头按钮，在弹出的列表中单击 "浅色渐变，个性色 5"。

② 设置"边框"颜色为"蓝色,个性色 1"。

③ 在"Max"系列上单击鼠标右键,在弹出的快捷菜单中单击"添加数据标签"。

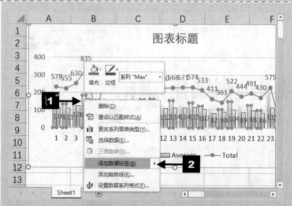

④ 选中"Max"系列的"数据标签",在"设置数据标签格式"窗格中,单击"标签选项"按钮,设置"标签位置"在"数据标签内"。

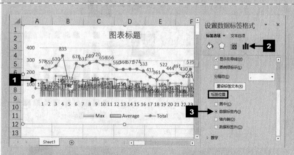

⑤ 单击"文本选项"按钮,设置"文本填充"的"颜色"为"黑色,文字 1,淡色 50%"。

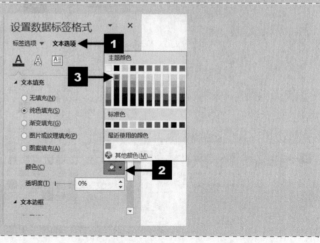

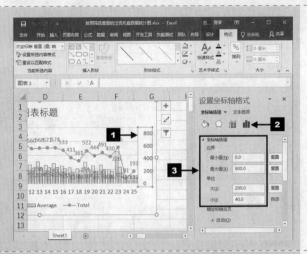

Step 15 设置次坐标轴(垂直)格式

① 单击选中"次坐标轴(垂直)",在"设置坐标轴格式"窗格中单击"坐标轴选项"按钮 ，在弹出的"坐标轴选项"中，设置"边界"最小值为"0"，最大值为"900"，"单位"中"大"为"200"，小为"40"。

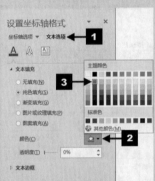

② 保持"次坐标轴（垂直）"的选中状态，单击"设置坐标轴格式"窗格中的"文本选项"，单击"文本填充"区域的"颜色"右侧的下拉箭头按钮，在弹出的扩展菜单中单击"黑色，文字 1，淡色50％"。

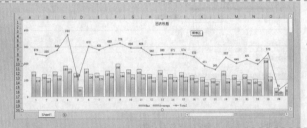

Step 16 调整图表的大小

拖动图表四周的调整柄，调整图表的大小，如图所示。

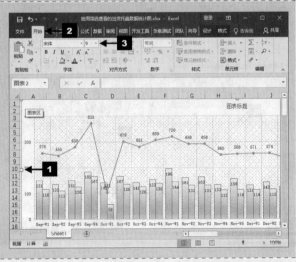

Step 17 设置整个图表区的字号

在图表区的任意一点单击鼠标，选中图表区，切换到"开始"选项卡，设置字号为"9"。

Step 18 调整水平（类别）轴

① 单击选中"水平轴"，切换到"数据透视图—设计"选项卡，单击"数据"组中的"选择数据"按钮。

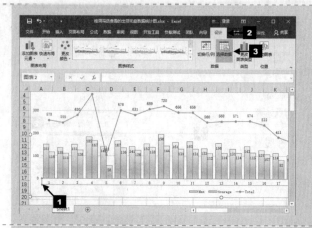

② 在弹出的"选择数据源"对话框中，直接单击"水平（分类）轴标签"框内的"编辑"按钮。

③ 在弹出的"轴标签"对话框中，在"轴标签区域"编辑框中输入如下公式。

=Sheet1!$AB$88:$AB$112

单击"确定"按钮。

④ 在返回的"选择数据源"对话框中，单击"确定"按钮。

Step 19 调整绘图区格式

单击选中绘图区，在"设置绘图区格式"窗格中，单击"填充与线条"按钮 ◇ ，在"填充"组，单击"图案填充"单选钮，并选择"图案"为"点线 5%"，颜色保持默认的"蓝色"。

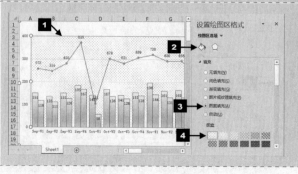

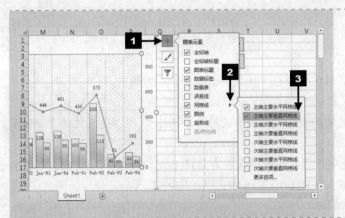

Step 20 添加图表元素

单击图表右侧的"图表元素"按钮 ➕，在弹出的列表中单击"网格线"右侧的箭头按钮，在弹出的列表中勾选"主轴主要垂直网格线"复选框。

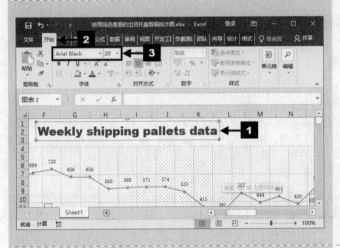

Step 21 输入图表标题

单击选中"图表标题"，输入标题内容"Weekly shipping pallets data"，并分别设置字体和字号为"Arial Black"和"20"。

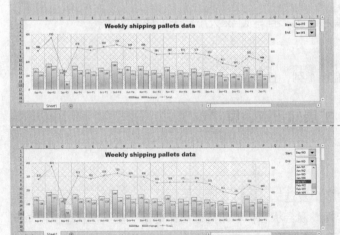

Step 22 美化工作表

取消网格线的显示。

至此，按周筛选数据统计图绘制完成，效果如图所示。单击两个组合框的右侧的下拉箭头按钮，在弹出的列表中选"Start"周和"End"，图表会随之改变。

关键知识点讲解

1. 组合框控件

它为一个下拉列表框。在此列表框中，选中的项目将出现在文本框中。

2. 组合框属性

（1）数据源区域。

数据源区域是对区域的引用。该区域包含要在下拉列表框中显示的数值。

（2）单元格链接。

单元格链接返回在组合框中选定的项的编号（列表中的第 1 项为 1）。可以在公式或宏中使用此数字，从数据源中返回实际的项。

例如，某个组合框链接到 C1 单元格，且其数据源区域为 D10:D15 单元格区域，那么下面的公式将基于列表中选定的内容，从数据源区域 D10:D15 中返回相应的值。

```
=INDEX(D10:D15,C1)
```

（3）下拉行。

下拉行指定在下拉列表中要显示的行数。

（4）3D 阴影。

3D 阴影以三维阴影效果显示组合框。

📖 本例公式说明

以下是本案例中定义名称"Max"的公式。

```
=OFFSET(Sheet1!$AC$87,Sheet1!$AL$1,,Sheet1!$AL$2-Sheet1!$AL$1+1)
```

Max 名称表示的是以 AC87 单元格下 AL1 行，0 列开始的，高度为 AL2 单元格中的值与 AL1 中值之差再加 1 的区域。

名称"Average"的公式如下。

```
=OFFSET(Max,,1)
```

其表示在 Max 区域的基础上向右偏移 1 列，且与 Max 大小完全一样的区域。

名称"Total"的公式如下。

```
=OFFSET(Max,,2)
```

其表示在 Max 区域的基础上向右偏移 2 列，且与 Max 大小完全一样的区域。

名称"Week"的公式如下。

```
=OFFSET(Max,,-1)
```

其表示在 Max 区域的基础上向左偏移 1 列，且与 Max 大小完全一样的区域。

扩展知识点讲解

1. 复选框控件

复选框控件可选中一个或同时选中多个复选框，以打开或者关闭某选项。其值确定复选框的状态，即该复选框是处于未选择、已选择或混合状态；单元格链接即是返回复选框状态值的单元格，若选中复选框，则与其相链接的单元格值为 TRUE；若未选择复选框，则与其相链接的单元格值为 FALSE；若复选框处于混合状态，则与其相链接的单元格值为#N/A；若与其相链接的单元格为空，则 Excel 认为复选框状态为 FALSE。选中 3D 阴影将以三维阴影效果显示复选框。

- 数值

数值用来确定复选框的状态，即复选框是处于选中状态、清除状态还是混合状态。

- 单元格链接

单元格链接返回复选框状态值的单元格。如果选中复选框，则"单元格链接"框中的单元格

取值为 "TRUE"；如果清除复选框，则该单元格取值为 "FALSE"；如果复选框处于混合状态，则此单元格取值为 "#N/A"；如果链接的单元格为空，则 Excel 将复选框的状态解释为 "FALSE"。

● 3D 阴影

3D 阴影以三维阴影效果显示复选框。

2. 表单控件与 ActiveX 控件

在使用 Excel（包括其他 Office 组件）的 VBA 开发功能时，可以插入两种类型的控件，一种是表单控件（在早期版本中也称为窗体控件，英文为 Form Controls），另一种是 ActiveX 控件。

前者只能在工作表中添加和使用，并且只能通过设置控件格式或者指定宏来使用它；而后者不仅可以在工作表中使用，还可以在用户窗体中使用，并且具备了众多的属性和事件，提供了更多的使用方式。

ActiveX 控件比表单控件拥有更多的事件与方法，如果仅以编辑数据为目的，使用表单控件可减小文件的尺寸，减小文件占用的存储空间。如果在编辑数据的同时需要对其他数据进行操纵控制，使用 ActiveX 控件会比表单控件更灵活。

（1）表单控件。

表单控件是与早期版本的 Excel（从 Excel 5.0 版开始）兼容的原始控件。表单控件还适于在 XLM 宏工作表中使用。

如果希望在不使用 VBA 代码的情况下轻松引用单元格数据并与其进行交互，或者希望向图表工作表（图表工作表是工作簿中只包含图表的工作表。当希望单独查看独立于工作表数据或数据透视表的图表或数据透视图时，图表工作表非常有用）中添加控件，则使用表单控件。例如，用户在向工作表中添加列表框控件并将其链接到某个单元格后，可以为控件中所选项目的当前位置返回一个数值。接下来可以将该数值与 INDEX 函数结合使用，以从列表中选择不同的项目。

用户还可以使用表单控件来运行宏。可以将现有宏附加到控件，也可以编写或录制新的宏。当表单用户单击控件时，该控件会运行宏。

用户不能将这些控件添加到用户表单中，不能使用它们控制事件，也不能修改它们以在网页中运行 Web 脚本。

（2）ActiveX 控件。

ActiveX 控件（如复选框或按钮）向用户提供选项或运行使任务自动化的宏或脚本。用户可在 Microsoft Visual Basic for Applications 中编写控件的宏或在 Microsoft 脚本编辑器中编写脚本。ActiveX 控件可用于工作表表单（使用或不使用 VBA 代码）和 VBA 用户表单。相对于表单控件所提供的灵活性，当设计需要更大的灵活性时，则使用 ActiveX 控件。ActiveX 控件具有大量可用于自定义其外观、行为、字体及其他特性的属性。

用户还可以控制与 ActiveX 控件进行交互时发生的不同事件。例如可以执行不同的操作，这具体取决于用户从列表框控件中所选择的选项；还可以查询数据库，以在用户单击某个按钮时用项目重新填充组合框；还可以编写宏来响应与 ActiveX 控件关联的事件。表单用户与控件进行交互时，VBA 代码会随之运行以处理针对该控件发生的任何事件。

计算机中还包含由 Excel 和其他程序安装的多个 ActiveX 控件，如 Calendar Control 12.0 和 Windows Media Player。

并非所有 ActiveX 控件都可以直接用于工作表，有些 ActiveX 控件只能用于 Visual Basic for Applications(VBA)用户表单。如果尝试向工作表中添加这些特殊 ActiveX 控件中的任何一个控件，

Excel 都会提示"不能插入对象"。

　　用户无法从用户界面将 ActiveX 控件添加到图表工作表，也无法将其添加到 XLM 宏工作表，此外不能像在表单控件中一样指定要直接从 ActiveX 控件运行的宏。

3．取消 Excel 隐藏表格

　　选中最靠右被隐藏的那列的右边一列（如果隐藏的是行，就是最靠下被隐藏的那行的下面一行），按住鼠标左键不放，往左拖到行号那里（若是行，则拖动到列号那里）；再将光标放到选中区域，单击鼠标右键，选择"取消隐藏"，所有被隐藏的列（或行）都将显示出来。

　　另外，如果隐藏的同时也冻结了窗格，则需要先取消冻结：依次单击"视图"选项卡→"窗口"命令组中的"冻结窗口"→"取消冻结窗格"，然后再按上面的方法操作。

4．隐藏操作快捷键

　　如果要隐藏行，可以使用<Ctrl+9>组合键。
　　如果要隐藏列，可以使用<Ctrl+0>组合键。
　　如果要取消隐藏列，可以使用<Ctrl+Shift+0>组合键。
　　如果要取消隐藏行，可以使用<Ctrl+Shift+9>组合键。